21世纪全国高职高专建筑设计专业技能型规划教材

建筑设计基础

主　编　周圆圆

内 容 简 介

“建筑设计基础”是高等职业院校建筑设计技术专业、城市规划专业的专业基础课程之一，通过本课程的学习，学生可以提升专业技能，为后续建筑设计课程的学习奠定基础，毕业后能胜任助理建筑师、助理规划师的专业技术岗位。

本书遵循高等职业院校学生的学情特点与认知规律，紧密结合岗位能力要求，确定本课程的工作模块和课程内容。本书主要内容包括：平面构成、色彩构成、立体构成、空间构成、建筑模型制作和建筑方案设计方法入门。根据技能培养与训练要求以及可持续发展的需要，本书还在每个模块后面安排了必要的专业理论知识与能力训练项目。本书内容上循序渐进，适应高职院校学生的学习要求。

本书主要供高等职业院校建筑设计技术、城市规划、环境艺术设计、景观设计等专业教学使用，也可作为建筑设计技术人员、城市规划设计技术人员、景观设计技术人员的培训教材或自学用书。

图书在版编目(CIP)数据

建筑设计基础/周圆圆主编. —北京：北京大学出版社，2015. 7

（21世纪全国高职高专建筑设计专业技能型规划教材）

ISBN 978-7-301-25961-0

Ⅰ. ①建… Ⅱ. ①周… Ⅲ. ①建筑设计—高等职业教育—教材 Ⅳ. ①TU2

中国版本图书馆CIP数据核字(2015)第132424号

书　　名 建筑设计基础

著作责任者 周圆圆　主编

责 任 编 辑 王红樱

标 准 书 号 ISBN 978-7-301-25961-0

出 版 发 行 北京大学出版社

地　　址 北京市海淀区成府路 205 号 100871

网　　址 http://www. pup.cn　新浪微博：@北京大学出版社

电 子 信 箱 pup_6@163. com

电　　话 邮购部 62752015　发行部 62750672　编辑部 62750667

印 刷 者 北京大学印刷厂

经 销 者 新华书店

787毫米×1092毫米　16开本　8. 5印张　198千字

2015 年7月第 1 版　2015 年7月第 1 次印刷

定　　价 42. 00元

前　言

本书是在高等职业院校建筑类专业积极践行和创新先进职业教育理念，深入推进“校企合作，工学结合”人才培养模式的大背景下，由浙江同济科技职业学院根据新的课程标准，组织教师编写而成。

本书主要内容包括：平面构成、色彩构成、立体构成、空间构成、建筑模型制作和建筑方案设计方法入门。

“建筑设计基础”是高等职业院校建筑设计技术专业和城市规划专业的专业基础课程之一。本书通过6个模块的学习，对学生进行二维与三维空间思维、色彩感知及创造性思维的启发与引导，并进行模型制作与小型建筑设计入门的训练，促进学生专业技能的提升，为建筑设计课程的开设奠定基础，帮助学生掌握岗位所需的技术和能力。同时，培养学生诚实、耐心、细致、善于沟通和团队合作的品质，使学生毕业后能胜任助理建筑师、助理规划师的专业技术岗位。

本书由浙江同济科技职业学院周圆圆担任主编。本书编写时参考和引用了大量互联网上最新的国外优秀建筑案例的图片，主要的图片来源网站有www.archdaily.com、www.iarch.cn、www.dezeen.com、筑龙网、设计邦、建筑邦等。在此向建筑设计者和原图的拍摄者表示衷心的感谢！

由于编者水平有限，书中难免存有瑕疵之处，诚挚希望广大读者在学习使用过程中批评指正并及时告知，以便进一步修改和补充。

编　者

2015年3月

目 录

模块 1 平面构成

教学要求

通过应用视觉语言进行有目的的视觉创造，培养学生对平面造型要素的创造力和基础造型能力，提高学生的审美能力，使学生掌握理性和感性相结合的设计方法，拓展设计思维。

教学目标

能力目标	知识要点	权 重	自测分数
能在二维空间中将各种不同的平面元素，按照一定的次序与法则进行分解、组合	平面构成的基本要素、基本形式	20%	
掌握平面构成的构成方式并灵活运用	平面构成的构成方式	40%	
具备利用外在的形式感来传达情感、再现内容的能力	平面构成的形式美、秩序美	40%	

引例

平面构成，主要是研究设计视觉要素的基本特性及其构成的基本原理，在二维平面内创造理想形态，或是将既有形态按照一定法则进行分解、组合，从而构成理想形态的造型设计基础课程。为专业设计提供方法和途径，同时也为各艺术设计领域提供技法支持，是各设计类专业的必修课程。

不同的建筑有不同的立面设计，有的立面设计让人们觉得“好看”“时尚”“看见就很难忘记”，而有的立面让人们觉得“不好看”“没新意”。建筑的立面设计就是常见的平面构成设计的运用之一，人们评价一幅平面构成作品好坏的标准是什么？如果你是一名建筑师，怎样去设计一幅符合大众审美要求的建筑立面设计作品？本模块的内容就来解决这些问题。

1.1 构成的概念

设计是对造物活动进行预先的计划，在造物的过程中，形是重要的因素。形包括：形状、大小、肌理、位置和方向等因素。在造物过程中对形的这些因素主动进行研究，即造型。

构成是一种创造方法、造型概念，按一定的原则将各种造型要素组合成美的形态，其过程和结果称为构成。更明确地说，构成是研究视觉设计中最基本的构成要素——形、色、体，在二维或三维的空间里排列和组合形成的美的形态，也是从诸多的审美实践中概括和总结出来的形式法则。它起源于包豪斯，发展于20世纪六七十年代，是现代设计的基本方法。主要包括：平面构成、色彩构成、立体构成三大基本构成（图1.1），及与建筑、景观、环艺等空间造型专业密切相关的空间构成（图1.2）。

图 1.1　学生作业

图 1.2　马德里历史博物馆

1.2 平面构成的概念

“大漠孤烟直，长河落日圆”，这句古诗描绘了一幅用点、线、面构成的画面，是一幅典型的平面构成。平面构成是一门视觉艺术，是按照一定的构成原理，以轮廓塑造形象，将不同的点、线、面等造型要素按照一定的规律在平面上进行排列、组合，构成具有装饰美感的画面，从而创造出新的视觉形象的造型活动，是在平面上运用视觉反应与知觉作用形成的一种视觉语言（图1.3）。

图 1.3　自然中的构成

平面构成力求从基本的视觉元素开始，通过构成训练让我们熟悉设计的基本组成要素，正如语言中的“字”和“词”，然后用材料和质感丰富视觉的感受，通过构图、形式美法则、视觉心理等“造句”手法，去研究各种元素组合的形式和效果。

1.3 形式美法则

人们在长期的社会劳动实践中，按照美的规律塑造景物外形时逐步发现了一些形式美的规律性。形式美是指构成事物的物质材料的自然属性（色彩、形状、线条、声音等）及其组合规律（如均衡与稳定、节奏与韵律等）所呈现出来的审美特性。它在一定范围内具有普遍性、规定性和共同性。

特别提示

平面构成属于基础训练的范围，它只是今后设计的准备阶段，不是目的，不具备专业倾向性。它的内容一般限定在形体的广泛性和普遍性的规律研究上，而不受以后所应用的特定要求内的工艺、内容等具体条件的制约。因此，可以发现，在高校中，与设计有关的专业几乎都要学习平面构成这门专业基础课。

建筑体型和立面设计，必须遵循形式美的构图规律。建筑形式美的基本规律是“多样化的统一”，即我们经常说的变化与统一。变化与统一的法则，是适用于一切造型艺术表现一个普通的原则。它反映着事物的对立统一规律，也是形式美的最基本的法则。它包含两方面的含义：统一与变化；统一相对于杂乱无章而言，统一富有安静感，给人以调和安定、庄重严肃、有条不紊的感觉；变化相对于单调而言，只有多样化，没有统一，就会显得杂乱无章、支离破碎。如果只有统一，没有多样变化，就会显得呆板、单调，毫无生气。因此，正如一首乐曲，要有一个贯穿全曲的主旋律，建筑形式的美，不在所谓的“多样”，也不在所谓的“统一”，而在多样与统一的和谐（图1.4）。

图 1.4　大和普适计算研究大楼（1）

建筑设计并不单纯是设计外观，也不是简单地将使用功能罗列起来，而是将建筑的形式元素和复杂的功能整合为一个综合体。这就是说建筑设计必须体现平面、 立面，以及功能、视觉的统一这个原则，把这些多样化的因素组织起来，这是一个设计师的首要任务。同时，建筑物是由不同的空间和不同的构件组成，由于功能使用要求和结构技术要求不同，这些空间和构件的形式、材料、色彩和质感各不相同，又为多样化提供了条件。巧妙处理它们之间的相互关系，以取得整齐、简洁、秩序而又不至于单调和呆板、体型丰富而又不致杂乱无章的建筑形象，是设计师在构思设计时必须考虑的问题。

变化与统一的原则，常常具体表现在对比与调和、均衡与稳定、节奏与韵律、主从与重点、比例与尺度（图1.5）。

图 1.5　大和普适计算研究大楼（2）

1.3.1 对比与调和

对比是变化的一种形式，是指形、色、质、量等各因素的差异。例如，大小、方圆是形的对比（图1.6和图1.7）；明暗、冷暖是色的对比；粗糙、光滑、轻薄、厚重是质的对比（图1.8和图1.9）等。因此，对比强调的是一种差异。

图 1.6　方圆造型的台上盆

图 1.7　形状的对比，苏州姑苏会

图 1.8　虚实的对比，比利时 Hectaar 办公楼

图 1.9　材质的对比，蒙德里安玻璃茶室

调和是统一的体现，是指形、色、质等图案构成因素的近似。当相互间的差距较小或具有某种共同点的因素配置在一起时，都容易得到调和。调和是对比的内在制约，是对比适度的标志。如果对比失去了调和，就会过于夸张、刺激、失和，仅有调和没有对比就会单调、枯燥、沉闷。调和可以借彼此之间在形体、形状、色彩、质感等方面的相似性来得到。在建筑造型同一要素之间，通过对比、相互衬托，就能产生不同的形象效果（图1.10）。

特别提示

对比形式可以从很多方面来进行，如数量、形状、方向、虚实、繁简、材质、疏密、集中与分散、开敞与封闭、光线明暗、强弱、色彩与质感、人工与自然等。还可以借相互之间的烘托、陪衬而突出各自的特点以求得变化。无论运用哪种对比，都应具有和谐的效果，在建筑设计中恰当地运用对比，是取得统一与变化的有效手段。

图 1.10　调和与统一，人民大厦餐饮会议中心

对比与调和是构成设计的基本技巧，是取得变化与统一的重要方法。对比与调和是矛盾的统一。以对比为主则通过调和因素在变化中求统一；以调和为主则通过对比因素在统一中求变化。过分强调一方而失去另一方，都会削弱和破坏形式的完美。

1.3.2　均衡与稳定

均衡就是从构图方面来说，各要素左与右、前与后之间相对轻重关系的处理。无论你是有意还是无意，均衡感都会对我们的视觉判断产生非常深刻的影响。格式塔理论关于均衡的原则阐述了人类在观看任何东西时，都是在寻找一种平衡稳定的状态（图1.11）。美国的托伯特·哈姆林在《20世纪建筑的功能与形式》一书中说：“在视觉艺术中，均衡是任何欣赏对象中都存在的特征，在这里，均衡中心两边的视觉趣味中心，分量是相当的。”他所说的是“分量相当”而不是“分量相等”，因此，均衡中心两边的分量可能相等，也可能是相近。这样，就可以按“等量”和“近量”来区分不同的均衡，即对称的形式和非对称的形式。

图 1.11　均衡感，苏州姑苏会

对称的形式是同形同量的组合，以中心线划分，上下相同或左右相同，均衡中心两边的形状、色彩等要素的分量因为完全相同，而给人以视觉上的重量、体量完全相等的感觉，如人体的眼、耳、手、足。但是，对称均衡布局的景物常常过于呆板而显得不亲切（图1.12）。

图 1.12　对称的均衡，乔家大院

特别提示

在建筑布局中，由于受功能、组成部分、地形等各种复杂条件制约，往往很难也没有必要做到绝对对称的形式，在这种情况下常采用非对称均衡的手法。所谓非对称的均衡是指没有轴线所构成的不规则平衡。比如人体的侧面，虽然两边没有对称关系，但是还是给我们一种稳定的感觉。与人体正面的对称构图相比，侧面具有更为复杂的平衡构成。

图 1.13　通过非对称得到均衡感，杭州中山南路某民宅

非对称均衡的原则是杠杆平衡原理，简单地说就是，一侧靠近支点的一部分重量，将由另一侧距支点较远的一部分较轻的重量来平衡。中心(支点)两边分量仅仅是相近，而不可能完全相同。特别是支点已不可能在正中，而是偏向一侧，所以被称为“动态对称”（图1.13）。再如日本的蒙德里安玻璃茶室，通过底部粗糙，上部光洁来塑造均衡感。可见，非对称的均衡显然比对称式的均衡要灵巧活泼得多，因此是当今的建筑设计创作中极为重要的构图手法（图1.14和图1.15）。

图 1.14　丹麦 Blue Planet 蓝色星球水族馆

图 1.15　蒙德里安玻璃茶室

稳定是从建筑形体方面来说的，上下之间的轻重关系——建筑物的各部分体量表现出不同的重量感，因而几个不同体量组合在一起时，必然会产生一种轻重关系。金字塔型的大山，下粗上细的树木，具有左右对称双翼的小鸟，凡是符合这样的原则的事物，不仅在实际中是安全的，而且在感觉上也是舒服的，这就是典型的均衡与稳定。在建筑设计中，均衡与稳定是一个不可忽视的问题，建筑物一旦失去稳定，就会使人产生轻重失调和不安全的感觉。

获得稳定感有以下几种方法。

(1) 构图中心法，即在构图中，有意识地强调一个视线构图中心，而使其他部分均与其取得对应关系，从而在总体上取得均衡感。

(2) 杠杆均衡法，即根据杠杆力矩原理，使不同体量或重量感的景物置于相对应的位置而取得平衡感。

(3) 惯性心理法，或称运动平衡法。人在劳动实践中形成了习惯性重心感，若重心产生偏移，则必然出现动势倾向，以求得新的均衡。

可见，通常上小下大、上轻下重的处理能让人获得稳定感。另外在建筑处理上也常利用材料、质地所给人的不同的重量感来获得稳定感，如在建筑的基部墙面多用粗石和深色的表面来处理，而上层部分则采用较光滑或色彩较浅的材料。

随着现代新结构、新材料、新技术的发展，人们的审美观日益丰富，传统的上小下大的稳定观念逐渐改变，凭借最新的技术成就，人们不仅可以建造超过百层的摩天大楼，而且还可以把古代奉为金科玉律的稳定原则——上小下大、上轻下重颠倒过来，从而建造出许多底层透空，上大下小，如同把金字塔转过来的新奇建筑。底层架空及悬臂结构也逐渐为人们接受。可见，形式美的规律也不是一成不变的（图1.16）。

图 1.16 央视新楼

1.3.3 节奏与韵律

节奏是借用音乐的术语。各构成因素有规律的变化和有秩序的重复形成节奏感，即条理性与反复性产生节奏感。节奏是通过时间的运动而产生的美感，节奏产生于各种物象的生长、运动的规律之中，是自然界处处可见的现象。如树叶的互生、轮生；花的单瓣、双瓣；四季的交替更迭、路边的路灯等，无一不呈现出节奏感。节奏带有机械美。

节奏有很多种分类方法，如果从形式规律的角度来描述，可以分成重复节奏和渐变节奏两类。

1. 重复节奏

由相同形状的等距排列形成，无论是向两个方向、四个方向延伸，还是自我循环，都是最简单也是最基本的节律，是一种统一的简单重复，像音乐的节拍一样，有较短的周期性特征。也就是说，同一形状重复出现的间隙是短时间的。（图1.17和图1.18）。

图 1.17 叶子互生的节奏

图 1.18　大和普适计算研究大楼外表面的重复节奏

2. 渐变节奏

渐变节奏仍然离不开重复，但每一个单位包含着逐渐变化的因素，从而淡化了分节现象，有较长时间的周期性特征。在形状的渐大渐小、位置的渐高渐低、色彩的渐明渐暗及距离的渐近渐远等一系列表现形式中，发生柔和的、界限模糊的节律，组织为有序的变化。虽然这种变化是渐次发生的，但强端和弱端的差异仍可能很明显，而且高潮迭起，是流畅而有规律的运动形式（图1.19）。

图 1.19　奥地利 Graz 的“Z 字形”阳台公寓楼

韵律是节奏的深化和发展，本来是用来表达音乐和诗歌中音调的起伏和节奏感的。自然界中许多事物和现象，往往由于有规律地反复出现或有秩序的变化，形成一种富有韵律的自然现象，它赋予节奏以强弱起伏、抑扬顿挫的变化，激发人们的美感。把一颗石子投入水中，就会激起一圈圈的波纹由中心向四周扩散，这种波纹的扩散就形成了一连串的韵律。天边的流云、起伏的沙丘、层叠的梯田等，无一不呈现出富有韵味的韵律景象。重复是获得韵律的必要条件，如果只有简单的重复而缺乏有规律的变化，就令人感到单调、枯燥。如果我们把某些要素或构件有规律地重复运用，或者有秩序地逐渐变化，这就形成了一定的韵律感。例如，某些建筑立面上连续出现的异形阳台、连续的遮阳板、室内的分隔板、连续的外凸窗等，赋予建筑整体抑扬顿挫的节奏。那连续出现的光与影，使建筑整体呈现出迷人的韵律和美感（图1.20）。

图 1.20　芬兰 Mänttä 的博物馆

3. 连续的韵律

以一种或几种要素连续、重复地排列而成，强调一种或几种组成部分的连续运用和重复出现，各要素间保持恒定的距离和关系，可以无止境的连续（图1.21）。

图 1.21　美国英格尔伍德市娱乐场造型上的韵律

4. 重复的韵律

通过线条、色彩、形状、光、质地、图案或空间的重复，能控制人们的眼睛按指定的方向运动。例如：虽然垂线能令人眼睛上下看，但一组水平方向布置的垂线，却能使眼睛从这一边看到那一边，即不是沿着垂直的而是水平的方向移动（图1.22）。

图 1.22　上海体育馆

5. 起伏的韵律

变化的韵律如果按照一定的规律，时而增加，时而减小，如波纹之起伏，即为起伏韵律，这种韵律较活泼而富有一定动感（图1.23）。

图 1.23　北京三里屯 HATSUNE

6.渐变的韵律

连续的要素按一定的秩序变化，即形成一种渐变的韵律。通过一系列的级差变化，可使眼睛从某一级过渡到另一级，这个原则可通过体量、线条、大小、形状、明暗、图案、高低、色彩的冷暖、浓淡、质感的粗细、轻重等的逐渐变化而达到。渐变比重复更为生动和有生气（图1.24和图1.25）。

图 1.24　德国 Wilnsdorf 高速公路教堂内部

图 1.25　广联 · 摩根中心 2F 动静咖啡厅

7. 交错的韵律

各组成部分按规律交错、穿插而成。各要素相互制约、一隐一显，表现出一种有组织的变化。任何因素均可交替，白与黑、冷与暖、长与短、大与小、上与下、明与暗……自然界中的白天与夜晚、冬与夏、阴与晴的交替，斑马条纹的深浅的交替……这种交替所创造的韵律，是十分自然生动的。

此外，要注意在有规律的交替中，意外的变化也可造成一种不破坏整体的统一而独特的风格。例如，当黑白条纹交替时，突然出现两条黑条纹，它便提供了有趣的变化而不影响统一。

以上变化虽各有特点，但都体现出一种共性，即具有极其明显的条理性、重复性和连续性，借助这一点，即可以加强建筑整体的统一性，又可以求得丰富多彩的变化。

特别提示

节奏与韵律是多样统一原则的重要手法。节奏与韵律有着密不可分的联系。节奏决定着韵律的情调和趋势，韵律是节奏的丰富和发展。在特定的情调和趋势中，节奏与韵律相统一，才能在整体中形成完美的视觉效果。韵律美在建筑中的体现极为广泛，几乎处处都给人以美的韵律节奏感，有人把建筑比作“凝固的音乐”，其道理也正在于此。利用建筑物存在的很多重复的因素，有意识地对这些构图因素进行重复或渐变的处理，如在建筑立面上窗、窗间墙、柱等构件的形状、大小、线条不断地重复出现和有规律的变化，使建筑形体以至细部给人以更加强烈而深刻的印象。

1.3.4　主从与重点

复杂体量的建筑在外形设计中，应恰当地处理好主要与从属、重点与一般的关系，将所有次要部分去陪衬某一个主要部分，以取得完整统一的效果，即为主从的处理。就像一部戏剧，有主角也有配角，通过配角的衬托，主角的形象才显得突出。建筑也是一样，在若干个形体要素组成的整体中，每一要素所占的比重和所处的地位必须有所区别，主从分明。这首先意味着组成整体的要素必须主从分明而不能平均对待。主体是空间构图的重心或重点，起主导作用，客体对主体起衬托作用。这样才能主次分明，相得益彰，才能共存于统一的构图之中。如果是主体孤立，缺乏必要的陪体衬托，或是各个要素都竞相突出自己，不分主从，就会大大削弱建筑物的整体统一，成为一个没有特点的平庸建筑。在建筑设计实践中，从平面的组合处理到立面设计，从内部空间到外部形体，从细部装修到群体组合，为了达到统一，都应当处理好主与从、重点与一般的关系（图1.26）。

图 1.26　故宫平面图

1.3.5　比例与尺度

特别提示

突出主体的手法有很多种，在群体组合上可以运用轴线的处理来突出主体；在建筑单体的设计上，不对称的体量组合的主体部分可以按不对称均衡的原则展开，其重心不在建筑的中心，而是偏于一侧；可以通过加大加高主体部分的体量或改变主体部分的形状等方法以达到主从分明的目的。对称的体量在处理上也有很多方法，如可以使中央部分具有较大或较高的体量，来突出中央部分，使其成为整个建筑的主题和重心；或者设计特殊形状的体量来达到削弱两翼以加强中央的目的。

比例和尺度都是和“数”相关的规律，在造型和构图上是必然涉及的问题。

恰当的比例有一种谐调的美感，是形式美法则的重要内容。美的比例是平面构图中一切视觉单位的大小及各单位间编排组合的重要因素。对于建筑设计来说，比例包括两方面的含义：一是指建筑物的整体或局部某个构件本身长、宽、高之间的大小比较关系；二是指建筑物整体与局部，或局部与局部之间的大小关系。良好的比例能给人以和谐、完美的感受。反之，比例失调就使人产生失真感、压抑感等负面感受。

一切造型艺术都存在着比例关系是否和谐的问题，建筑设计也不例外。在具体的设计中究竟什么样的比例才是真正美的比例，却没有一个国际化的、永恒不变的公式。相对而言，以下三种比例在实践中被证明是可以取悦于人的。

1．等差数列

它是指一件设计中的各个线段的长度以及面的分割，都与一个基本数字有关系，递增或递减，它们之间的差是相等的（图1.27）。

2．等比数列

等比数列（又名几何数列），是一种特殊数列。如果一个数列从第2项起，每一项与它的前一项的比等于同一个常数，这个数列就叫做等比数列（图1.28）。

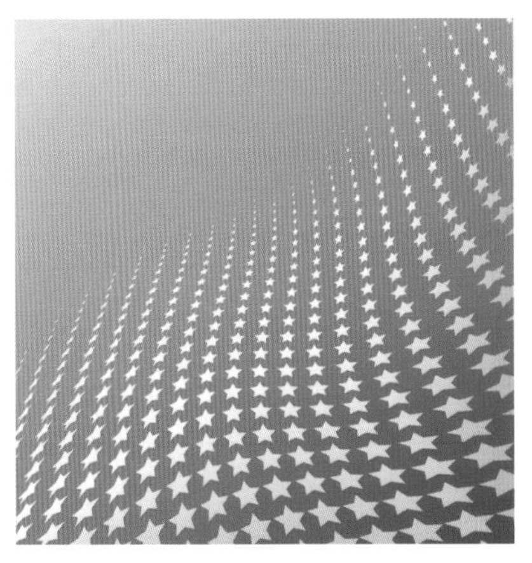

图 1.27　等差变化的构成

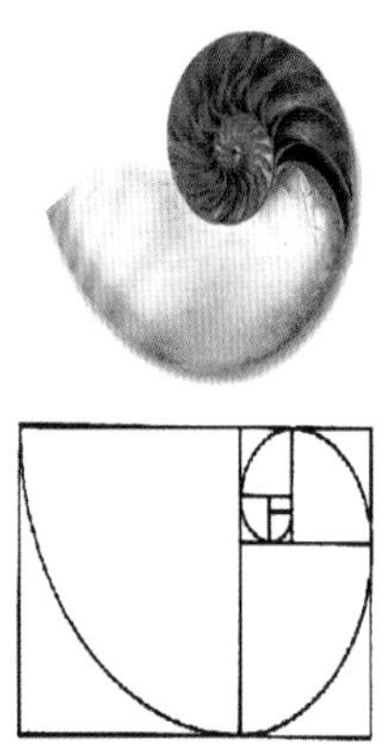

图 1.28　库克生命的曲线

3．黄金比

又称为黄金分割，是指将整体一分为二，较大部分与整体部分的比值等于较小部分与较大部分的比值，其比值约为0.618。这一比例在艺术以及建筑中得到较多的应用（图1.29）。邮票、纸币也多用黄金矩形。在黄金矩形中，又包含着一个正方形和一个倒边黄金矩形，利用这一系列边长比为黄金比的正方形，又可以做出黄金涡线来（图1.30和图1.31）。

图 1.29　法国 Baillargues 幼儿园外立面的黄金分割

图 1.30　艺术作品中常见黄金分割法构图

4. 模度系统

早在柯布西耶出版于1923年的著作《走向新建筑》中，他就在第三章提到了“参考线”，他认为这些线是用来确定构图中各要素的位置，从而获得整体的和谐和美观的辅助线。他在此书中列举了对巴黎圣母院等经典建筑作品所做的分析，揭示了其中隐藏的“参考线”。并且他在书中说到“一个模数赋予我们衡量与统一的能力；一条参考线使我们能进行构图而得到满足”。比较简便的模度系统设计是“网格法”，也就是说，在几何形网格中，如果通过制图取得各种线段，那么几何网格的模度就可以控制全部线段的尺度，从而找到取悦于人的比例。例如，中国建筑中的隔扇和园林的花窗（图1.32）。

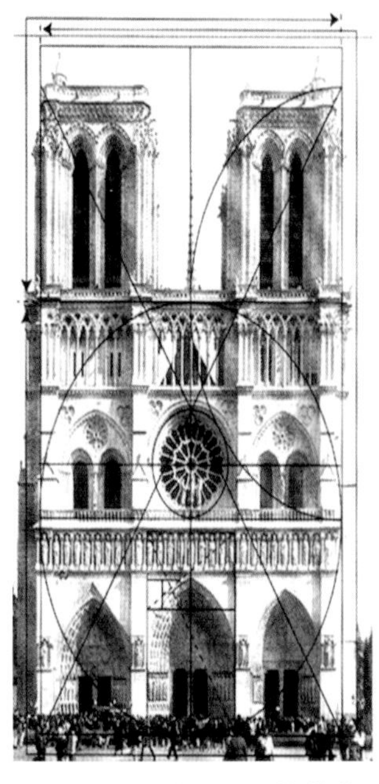

图 1.31 巴黎圣母院的黄金分割图

图 1.32 中国园林的隔扇花窗

在建筑设计中，无论是整体还是局部，都存在着大小是否适当，高低是否适当，长短是否适当，宽窄是否适当，厚薄是否适当，收分、斜度是否适当等一系列数量关系的问题，这些关系处理得是否恰到好处，关系到建筑是否具有良好的比例关系。而只有比例关系恰当、和谐才能产生美的效果。因此，建筑物的整体以及它的每一个局部，都应当根据功能的效用、材料结构的性能及美学的法则而赋予合适的大小和尺寸。在设计中，首先应该考虑好建筑整体的比例关系，即从体量组合入手来推敲各基本体量长、宽、高三者的比例关系；然后再细推各体量之间的比例关系，也就是指通过反复比较而寻求出这三者之间最理想的关系。 设计者可利用化整为零、拉长或缩短建筑物长度、提高或降低建筑物高度等灵活的空间组合来调节基本体量的比例关系。此外，建筑物的各部分一般是由一定的几何形体所构成的，因此，在建筑设计中，有意识地注意几何形体的相似关系，对于推敲和谐的比例是有帮助的（图1.33和图1.34）。

图 1.33　日本 Usagui 茶社经过比例推敲的门

图 1.34　伊朗建筑工程条例规划办公楼立面的细节比例关系

特别提示

色彩、质地、线条对比例也起着重要作用，例如强烈的色彩，能使其突出面处于明显的特殊地位。具有反光的和具有图案纹样的质地，也能使其显得更重要。通过色彩和质地的对比，更能加强线和形式，垂直线倾向于把物体拉长，水平线使物体显得短、胖（图1.35）。

图 1.35　萨伏伊别墅

和比例相联系的是尺度的处理，两者都涉及建筑要素之间的度量关系，不同的是比例是相对的，而尺度涉及具体尺寸。尺度所研究的是建筑物整体与局部构件给人感觉上的大小与其真实大小之间的关系。从一般意义上来讲，凡是和人有关系的物品，都存在着尺度问题。建筑尺度处理所包含的要素很多，如门窗洞口、窗台、栏杆、扶手、踏步等，为适应功能要求，基本上保持恒定不变的大小和尺度，利用这些熟悉的物件去衡量建筑物的整体或局部，将有助于获得正确的尺度感。在设计中，切忌把各种要素按比例放大，因为一些要素在人们心目中早已确定了大小的概念，形成了一定的尺度经验，一旦放得过大，将会使人对整体的估量得不到正确的尺度感觉（图1.36）。

图 1.36　北京中国人民银行大楼

良好的尺度感包括两方面的含义：一是整体的尺度恰当；二是整体与局部、局部与局部的尺度关系恰当。推敲尺度的标准首先是人，并应与使用有直接关系。黄金分割正是人眼睛的高宽视域之比。人们在长期的生产实践和生活活动中，根据自身活动的方便总结出各种尺度标准，体现在衣食住行的用器和工具的制造中。例如，我们一日三餐使用的碗，它的尺寸与人手的尺寸是相适应的。一般来说碗的尺寸高为5~7cm，口径为10~16cm，底径为5~7cm，因此很适合使用。

5. 自然的尺度

自然的尺度是以人体的尺度作为建筑的尺度标准，从而给人的印象与建筑物真实大小一致。大部分建筑都采用此种形式，如住宅、办公楼、学校等建筑（图1.37）。

图 1.37　宁波慈城中学

6. 夸张的尺度

将建筑的尺度故意做得比人体需要的尺度还大，给人以超过真实大小的尺度感，以强调建筑庄严、雄伟的气氛，纪念性建筑、大型公共建筑的入口有时采用此种处理方法（图1.38）。

7. 亲切尺度

以较小的尺度获得小于真实的感觉，从而给人以亲切宜人的尺度感。常用来创造小巧、亲切、舒适的气氛，如庭园建筑。此外，对比会影响尺度感，使大的更大，小的更小。恰当利用这一原理，可以增加尺度的丰富感。在云冈、龙门等石窟造像中，中央造像巨大，四壁造像小巧，在视野不能充分展开的窟内，主像在周围小像的反衬下，发生"巨化"变形，增加了神秘、崇高的宗教气氛（图1.39）。

图 1.38　丹麦 Aros 艺术博物院内的人物雕塑

图 1.39　成都德门仁里精品客栈的庭院

1.4　平面构成的概念元素

将任何形分解后都能得到点、线、面、体，我们把这种抽象化的点、线、面、体称为概念要素。点、线、面、体之间可以通过一定方式相互转化。

1.4.1　点

点表示位置，没有厚度和宽度，是一条线的开始或终点。它与面的概念是相互比较而形成的，同样是一个圆，如果布满整个空间，它就是面了，如果在一幅构成图中多处出现，就可以理解为点。

点主要通过其大小和背景的色差，以及距视觉中心的距离体现形态力。一个点是最基本、最简单的构成单位，它不仅指明了在空间中的位置，而且使人能感觉到在它内部具有膨胀和扩散的潜能。点最主要的作用就是表明位置和进行聚集，吸引视线。在平面上与其他元素相比，一个点是最容易吸引人视线的，多个点则可以创造生动感（图1.40和图1.41）。

图 1.40　点的构成

图 1.41　点的构成在景观设计中的运用

1.4.2　线

线是具有位置、方向和长度的一种几何体，可以把它理解为点运动后形成的。线本身具备着运动感，线在形状、位置、方向等方面的变化，能在力量、速度方向等方面带来丰富的变化，这成为支配线的感情设计的主要条件。它指示了位置和方向，并且在其内部聚集起一定的能量。这些能量似乎沿其长度在运行，并且在各个端部加强，暗示出速度，并作用在其周围空间（图1.42）。

图 1.42　线的构成，瑞典银行大楼

图 1.43 线的构成

与点强调位置与聚集不同，线更强调方向与外形。另外，线可以起到引导视线的作用（图1.43）。

在构成中运用线的时候，主要可以从线的长短、粗细、曲直、平斜、交错、黑白、疏密等方面着手考虑，通过这些要素的设计与组合，表达设计意图。线由于粗、细、直、光滑、粗糙的不同，会给人们带来不同的心理感受。如垂直的线刚直、有升降感；水平的线静止、安定；斜线飞跃、积极；曲线优雅、动感；曲折线不安定。粗线具有稳重踏实、刚强有力、前进感；细线具有锐利、速度、纤小、柔弱感。直线具有男性的特征，它有力度、正直、刚强的感觉；曲线则具有女性化的特点，具有圆滑、柔软、优雅和病态的感觉。光滑的线条会给人们细腻、温柔的感觉，而粗糙的线条会给人们粗犷、古朴的感觉（图1.44和图1.45）。

图 1.44 线的构成在室内装饰方面的运用

图 1.45 线的构成在景观工程中的运用

1.4.3 面

线的移动形成面。概念性的面是具有长度和宽度的两度空间（或二次元），有位置、有方向（圆除外）。面的形状由线或线运行的轨迹决定。与点相比，它是一个相对较大的元素，点强调位置关系，面则强调形状和面积，它体现了充实、厚重、整体、稳定的视觉效果。

点和面之间没有绝对的区分，在需要位置关系更多的时候，我们把它称为点，在需要强调形状面积的时候，我们把它看为面。

面有以下几种分类方式。

利用数学法则构成的直线或曲线称为“几何形”。正方形、三角形、圆被称为三个基本形态。它给人明确、理智的感觉，产生简洁、抽象、秩序之美，但也容易带来呆板、单调的弊病。

非人力所能完全控制其恒定现象的形称为“偶然形”。它富有特殊、活泼、生动、抒情的效果，但易产生不端正、杂乱的感觉。

顺乎自然的偶然形面给人特殊、抒情的感觉，且具有秩序性美感，这样的形称为“有机形”。它有舒畅、和谐的感觉，但要考虑形体本身与外在力的相互关系才能合理地存在。由于其是自然形成的，所以难免具有流于轻率的缺点。

非秩序性且故意寻求表现某种情感特征的形称为“不规则形”。它富于活泼、多变而轻快的效果，但容易造成混乱与杂乱。不规则形是大自然中与几何形形成了对比的更为复杂的形，比几何形更具人情味和温暖感，更自然，更具个性（图1.46）。

图 1.46　面的构成，日本大和普适计算研究大楼

1.5　平面构成的构成形式

1.5.1　骨骼法

形的基本单元按照“骨架”所限定的结构方式组织起来，形成新型的方法称为骨骼法。骨骼有助于我们在画面中排列基本形，使画面形成有规律、有秩序的构成。骨骼支配着构成单元的排列方法，可决定每个组成单位的距离和空间。

形象的基本单位的重复排列可以形成骨骼线。它是以线的排列、交织而形成的，线的排列和交织需由一定的角度、距离、方向、伸延而组成有规律性的各种形式。基本格式大体分为：90°排列格式、45°排列格式、弧线排列格式、折线排列等。规律的骨骼线有以下几个方面。

1. 有作用骨骼线

每个单元的基本形必须控制在骨骼线内，在固定空间内，按整体需要安排基本形。基本形若突出骨骼线之外就会被骨骼线切割掉。即骨骼线和基本形明确地表现在构图中，有明确的空间划分（图1.47）。

2. 无作用骨骼线

此骨骼只固定基本形的位置，如将基本形单位安排在骨骼线的交叉点上，骨骼线的交叉点就是基本形之间的中心距离，基本形可以有大小方向的变化，并产生形的联结。当形象构成完成后，即可将骨骼线去掉。骨骼线不形成具有独立性的单位形象，不会切割基本形，而只是作为基本形编排的依据。无作用骨骼的表现方法主要是靠基本形的大小不同，形成疏密关系的变化，特别是表现渐变效果，使画面呈现较强的韵律感（图1.48）。

图 1.47　有作用骨骼线构成

图 1.48　无作用骨骼线构成

1.5.2　重复法

特别提示

除了以上两种属于规律性骨骼，还有非规律性骨骼，如密集、对比等构成。

它是指以一个基本单形为主体在基本格式内重复排列，排列时可作方向、位置变化，进行平均的、有规律的排列组合。重复中的基本形是指用来重复的形状，每一基本形为一个单位，基本形不宜复杂，以简单为主。重复是设计中比较常用的手法，适当的重复可以成为一种表达情感的形式，起到加强感情色彩、形成有规律的节奏感、使画面统一、增强感染力的作用。相反，如果这种手法使用不当，过多的重复则容易形成单调、烦躁、乏味的感觉。重复的类型有以下几个方面。

1．基本形的重复

在构成设计中使用同一个基本形构成的图面叫做基本形的重复，是一种规律性的组合。这种重复在日常生活中到处可见（图1.49）。

图 1.49　苏州姑苏会屋顶的重复构成

2．方向的重复

形状在构成中有着明显一致的方向性。

3．骨骼的重复

骨骼就是构成图形的框架、骨架，是为了将图形元素有秩序地进行排列而画出的有形或无形的格子线或框，使图形有秩序地排列。

在这种构成中，组成骨骼的水平线和垂直线都必须是相等比例的重复组成，骨骼线可以有方向和宽窄等变动，但也必须是等比例的重复（图1.50）。

4．形状的重复

形状是最常用的重复元素，在整个构成中重复的形状可在大小、色彩等方面有所变动（图1.51）。

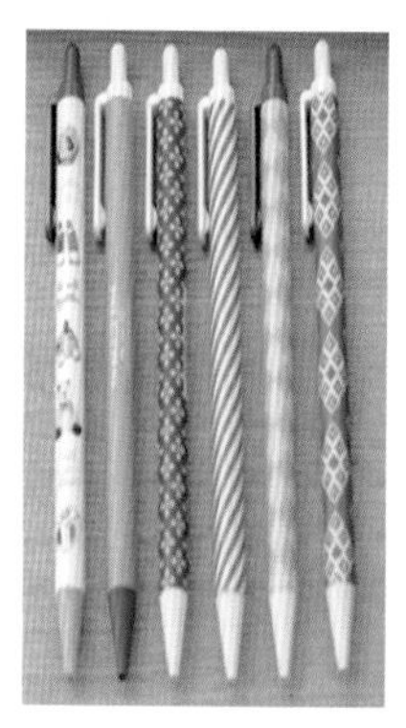

图 1.50 装饰花纹的骨骼重复

图 1.51 景观设计中的形状重复

5. 大小的重复

相似或者相同的形状，在大小上进行重复（图1.52）。

6. 色彩的重复

在形状、大小相似的条件下，色彩可有所变动（图1.53）。

图 1.52 景观设计中的元素大小重复

图 1.53 景观设计中的色彩重复

7. 肌理的重复

在大小、色彩相同的条件下，肌理可有所变动（图1.54）。

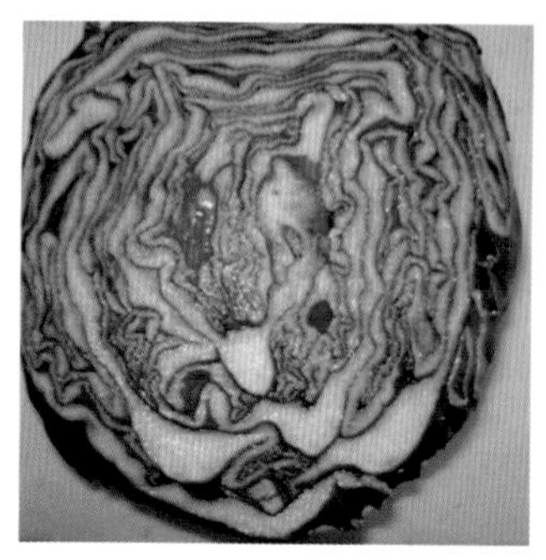

图 1.54 肌理重复法构成

1.5.3 近似法

近似是指在形状、大小、色彩、肌理等方面有着相似之处形体之间的构成，在统一中呈现出生动变化的效果。近似构成是非规律性的变动，是重复的轻度变异，是相同中求差异，差异中求相同。近似的程度可以大同小异，也可以小同大异。寓“变化”于“统一”之中是近似构成的特征。在设计中，一般采用基本形体之间的相加或相减来求得近似的基本形。如果近似的程度大就产生了重复感，近似的程度小就会破坏统一。近似的形式种类有以下几个方面。

1. 形象的近似

形象在特征上具有类同的相似性。两个形象如果属同一族类，它们的形状均是近似的（图1.55和图1.56）。

图 1.55 形象近似的构成

图 1.56 形象近似的构成在景观设计中的运用

2. 大小的近似

形象在大小量化上具有相似性（图1.57）。

3. 排列的近似

形象在排列组合上具有相似性。手法主要包括：多元变动、骨骼方向等方法。有时可以与背景联合（图1.58）。

图 1.57 大小近似的构成

图 1.58 排列的近似构成，挪威 Vennesla 图书馆

图 1.59 表面肌理的近似构成

4．色彩的近似

形象在色彩上具有相似的色相、明度或纯度。

5．形象处理的近似

形象在表面的处理上运用相似的手法。如运用英文、汉字等。

6．表面肌理的近似

形象在表面肌理上具有类同的相似性（图1.59）。

1.5.4 渐变法

把基本形体按大小、方向、虚实、色彩等关系进行有秩序、有规律、循序的无限变动，即为渐变。它会产生节奏感和韵律感，能引人入胜，易于表达细腻的情感变化。在设计中可以利用渐变的特征，诱导人的思绪渐渐进入设计的意图之中。此外，渐变能够形成空间感，以及空间幻想性的心理，还能够形成运动感，变化丰富。渐变的种类有以下几种。

特别提示

渐变的形式是多种多样的，形象的大小、疏密、粗细、距离、方向、位置层次、色调、强弱都可以达到渐变的效果。

1．形状的渐变

从一种形状逐渐过渡到另一种形状的过程，也就是形状的渐变，即基本形的形状、大小、位置、方向、色彩逐渐变化。形状可以由完整渐变到残缺，也可以由简单渐变到复杂，由抽象渐变到具象等。

2．大小的渐变

依据近大远小的透视原理，将基本形由大到小，或由小到大渐次地变化，通过基本形的渐变，产生深度感、运动感及空间感。如基本形变大时，就感到离我们很近，变小时感到离我们很远。

3．方向的渐变

将基本形在方向、角度等方面的序列加以变化，会使画面产生起伏变化，增强立体感和空间感。如通过平面旋转，基本形的方向发生有规律的逐渐变动，就可以在不改变基本形的形状的前提下，造成平面空间中的旋转感。

4．位置的渐变

将基本形在画面中或骨骼单位内的位置进行上下、左右或对角线方向的位置移动，就会产生位置的渐变（图1.60）。

5．间隔的渐变

基本形与基本形间的距离渐次地变疏、变密（图1.61）。

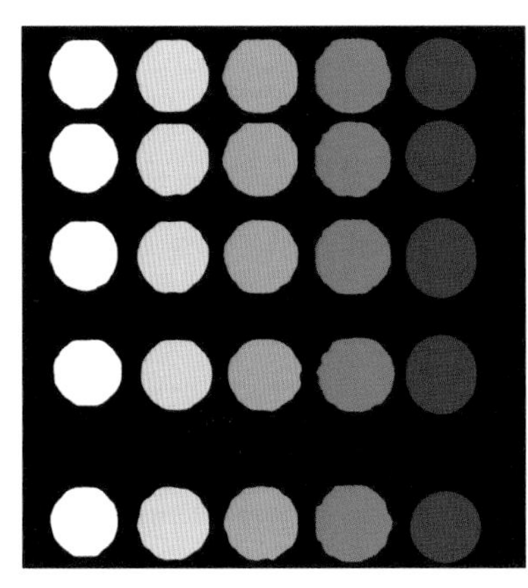
图 1.60　位置的渐变

图 1.61　间隔的渐变

6. 色彩的渐变

在色彩中，色相、明度、纯度都可以做成渐变的效果，并会产生有层次的美感。如基本形的色彩由明到暗渐次变化。

1.5.5　发射法

发射构成是以一点或多点为中心，呈向周围发射、扩散等视觉效果，具有较强的动感及节奏感。它由有规律、有秩序的方向移动而形成，构成引人注目的图案。发射也可以说是一种特殊的渐变，它同渐变一样，骨骼和基本形要做有序变化。发射的现象在日常生活中广泛存在，随处可见，如太阳的光芒、水中的涟漪等形成的都是发射状图形。发射的种类有以下几种。

1. 离心式

离心式是发射点在中央部位，基本形由中心向外扩散的构成形式。它有向外运动感，是运用较多的一种发射形式。常用骨骼线有直线、曲线、折线、弧线等（图1.62）。

图 1.62　丹麦标志性码头建筑

2．向心式

向心式是与离心式方向相反的发射方式。其发射点在外部，是基本形由四周向中心聚集的一种构成形式。该构成形式的特点是基本单元由外向内收进，其中心并非所有骨骼的交集点，而是所有骨骼的弯曲指向点（图1.63）。

3．同心式

同心式是以一个焦点为中心，基本形层层环绕着同一个中心展开的一种构成方式。它形成的实际上是扩大的结构和扩散的形式。常用骨骼线有圆形、方形、螺旋形等（图1.64）。

图 1.63　向心式发射构成

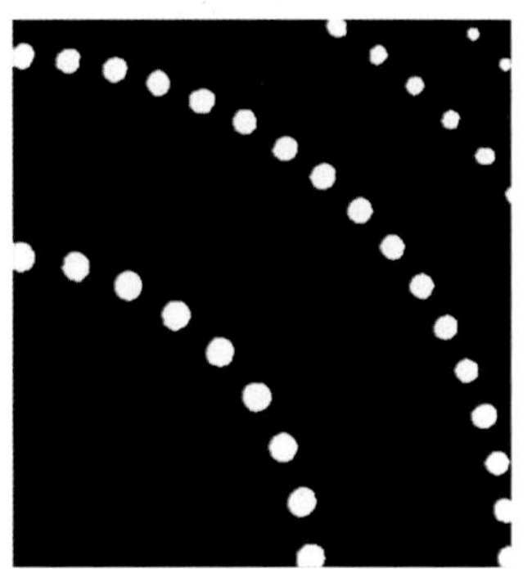

图 1.64　同心式发射构成

4．多心式

多心式是指在一幅作品中，以数个点进行发射的构成方式，基本单元依托这些中心以放射群形式体现。这种构成效果具有明显的起伏状，空间感较强（图1.65）。

特别提示

离心式、向心式、同心式、多心式在实际设计中可以组合起来一起用，不同形式发射骨骼叠用，或者是不同发射骨骼与重复、渐变骨骼叠用都可以取得丰富多变的效果。

图 1.65　多心式发射构成

1.5.6　特异法

在自然界中，美的形式规律最常见的有两种：一种是有秩序的美，这种美在自然中是主要的表现形式；另一种是打破常规的美。特异法就是一种打破常规的美。

特异，是指在一种较为有规律的形态中进行小部分的变异，有意地打破整体的秩序，以突出焦点，打破单调的画面，造成动感及趣味中心的构成形式。这些小部分的变异，能吸引观者的注意。特异构成的因素有形状、大小、位置、方向及色彩等。特异是相对的，是在保证整体规律的情况下，小部分发生与整体秩序相异的变化，但又同时不失去整体的规律性。在生活中，这种特异的变化比比皆是，如万绿丛中一点红、鹤立鸡群等，都是特异现象的例子。特异的形式有以下几种。

特别提示

特异构成要注意：①特异要素的面积要小、数量要少（甚至只有一个），这样才能形成视觉中心。局部变化的比例不能变化过大，否则会影响整体与局部变化的对比效果。②对比差异过小易被规律埋没，难以引人注目；对比差异过大又会失去总体协调，应以不失整体观感的适度对比为宜。

1．形状的特异

形状的特异是指在许多重复或近似的基本形中，出现一小部分特异的形状，它与其他形象的关系是有一定的联系，又有一定的对比，因而成为画面上的视觉焦点。这种特异部分的变化可打破画面整体的秩序性而形成焦点作用（图1.66）。

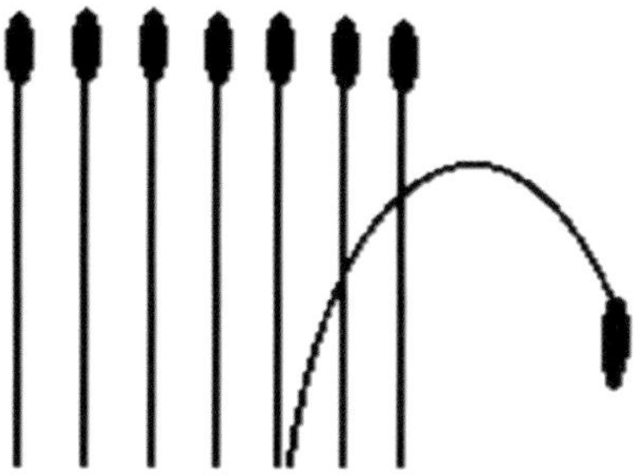

图 1.66　形状特异构成

2．大小的特异

大小的特异是指在众多形状和大小重复的基本形中，极小部分基本单元在大小上做些变化，这种大小特异的对比可打破整体画面的秩序性而形成焦点作用。这是最常见、最容易使用的一种构成形式。

3．位置的特异

位置的特异是指在一定的秩序中，出现少数无秩序的基本形。基本形在位置上的特殊性，能延长视觉停留的时间，产生引导视线的作用，使重点突出。

4．方向的特异

方向的特异是指基本形在方向上的特殊性，在画面中大多数基本形是有秩序地排列的，在方向上一致，少数基本形在方向上有所变化以形成特异效果。方向的特异易形成视觉流程，使画面保持平衡，形成律动关系（图1.67）。

5．色彩的特异

色彩的特异是指在基本形排列的大小、形状、位置、方向都一样的基础上，在色彩上进行变化来形成色彩突变的视觉效果。如可以在同类色彩构成中加进某些对比成分，以打破单调（图1.68）。

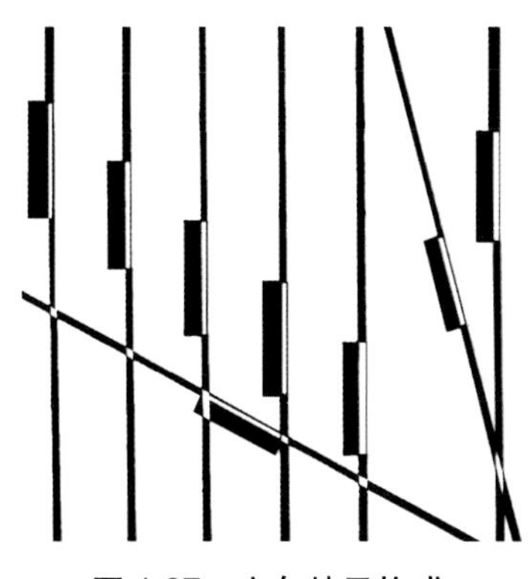
图 1.67　方向特异构成

图 1.68　色彩特异构成

6．肌理的特异

肌理的特异是指在相同的肌理质感中，出现个别不同的肌理质感，造成不同的肌理变化。

本模块小结

本模块主要介绍了平面构成的概念、形式美法则、平面构成的概念元素和平面构成的构成形式。

形式美法包括：对比与调和、均衡与稳定、节奏与韵律、主从与重点和比例与尺度。

平面构成的概念元素包括：点、线、面。

平面构成的构成形式包括：骨骼法、重复法、近似法、渐变法、发射法和特异法。

平面构成的构思有时候需要几种方法综合起来考虑。

【综合实训】

1．分别运用平面构成的骨骼法和重复法的构成方式，构思一张平面构成，画面尺寸为12cm × 12cm。

2．自选平面构成的构成方式，构思一张平面构成，画面尺寸为12cm × 12cm。

3．综合运用平面构成的知识，做给定的建筑的外立面构成设计。

要求：

(1) 综合运用形式美的构成法则，注意画面美感的表达。

(2) 建筑外立面设计要包括窗户、阳台、空调机位、墙壁等元素。

(3) 绘制认真，画面整洁，填色均匀。

(4) 将专业、班级、姓名合理布置在底板上。

模块 2

色彩构成

教学要求

通过本模块的学习，使学生能够了解色彩三要素的基本概念及其特点，初步了解色彩构成的方法，认识色彩构成的美感，能运用色彩构成的方法，创造出符合特定要求、符合视觉审美要求的构成作品。

教学目标

能力目标	知识要点	权 重	自测分数
能掌握较丰富的色彩语汇，能具备一定的色彩感知力	色彩三要素的概念及特点	20%	
能掌握基本的色彩构成方法	色彩构成的方法	60%	
能体会艺术创作乐趣	体会色彩构成的美感	20%	

 引例

色彩是知觉物体存在的最基本的视觉要素，是美感的最普遍的形式之一，是视觉传达最基本的表现语言和审美因素。

色彩构成是设计的基础课程之一，主要是研究设计视觉要素的基本特性及构成的基本原理，通过对色彩语言纯理性的系统练习，建立起理性、清晰的色彩构成基本概念。引导学生应用视觉语言进行有目的的视觉创造，是设计类专业的必修课程。

一幢建筑的立面设计，除了有点、线、面构成要素的穿插组合之外，还要有色彩元素。否则，所有的立面设计都只能是一幅黑白灰的画面，让人感觉缺失了活力与情感。如何进行色彩构成？可以从哪些方面进行构思？方法与手段有哪些？本模块就来解决这些问题。

2.1 色彩构成的概念

色彩构成是从人对色彩的知觉效应出发，发挥人的主观能动性和抽象思维，用一定的色彩规律去组合搭建色彩要素间的相互关系，创造出符合审美需求和设计创意的色彩效果的色彩组合方法，是一种对理想色彩的创造过程及结果（图2.1）。

图 2.1 色彩构成在生活中的运用

2.2 色彩的三属性

简单地说，色彩分为有彩色和无彩色两类。白色、黑色、灰色是无彩色，其他有色彩倾向性的颜色是有彩色。我们看到的所有色彩同时具有三个基本属性，即明度、色相、纯度。色相是表示不同色彩的相貌；明度又称亮度，是指色彩的明暗程度；彩度又称为纯度，是色彩的鲜艳程度。

2.2.1 明度

明度是指色彩中深浅、明暗的程度，是色彩的骨架。通常，有彩色系的明度值可以参照无彩色系的黑白灰等级标准来划分明度，任意彩色可通过加白、加黑得到一系列有明度变化的色彩。当任何一个色相加入白色时，明度会提高；混入黑色时明度会降低；混入不同灰色时明度会有不同的变化（图2.2）。

图 2.2　色彩的明度

特别提示

从色相上说，不同的颜色存在着不同的明度，最亮的是黄色，最暗的是紫色，其他色彩居中。这是由于各色相在可见光谱中的位置不同，光波的振幅宽窄范围不同造成的。值得注意的是，明度能够摆脱任何有彩色的特征而独立存在，即排除色相和纯度干扰单独起作用。这种独立性是其他要素所不具备的。色彩一旦发生，明暗关系必定同时存在。例如在画素描时，就必须在观察物象时把颜色性能省略掉，去观察明暗色调的变化，通过黑白灰的控制将对象表现出来。

2.2.2 色相

色相是指某一色彩呈现的相貌和名称。例如，橙子是橘红色的，国旗是红色的。色相是色彩最明显的特征，是特定波长的色光呈现出的色彩感觉。色相中以红、橙、黄、绿、青、紫色代表不同特征的色彩相貌。每种颜色都有自己独特的色相，区别于其他颜色。色相是色彩体系的基础，也是我们认识各种色彩的基础（图2.3）。

图 2.3　色彩的色相，巴拿马 Biomuseo 博物馆

2.2.3 纯度

简单地讲，纯度是指色彩的鲜浊度、饱和度或纯净程度，也就是一种色彩中所含该色素成分的多少，含得越多，纯度就越高；含得越少，纯度则越低。纯度也称作为“艳度”“彩度”。凡是有纯度的色彩，必有其色相感；凡是有色彩倾向的，必有其纯度值。因此，无彩色中的颜色，没有色相感，纯度为零，而有彩色中鲜艳的色彩纯度高。

图 2.4 色彩的纯度

在对纯度概念的理解过程中，值得重视的问题是三属性中明度和纯度不一定为正比。一个色的明度高不表明其纯度就高，明度低也不表明其纯度就必然低。色彩中以红、橙、黄、绿、青、紫色等基本色相的纯度最高，而黑、白、灰色的纯度等于零（图2.4）。

特别提示

色彩的明度、色相、纯度都具有相对的独立性，称其为色彩的三属性。全部色彩的变化均可以用这三属性来界定、区别和把握。因此，对色彩三属性的全面了解掌握是学习色彩的基础。

2.3 色彩的构成方式——色彩的对比

色彩对比是指两个以上的色彩在同一时间和空间内相互比较时，或在色相上，或在明度上，或在色彩的纯度上，会显示出明显的差别的现象，这样各色彩的色相、明度、纯度、面积、冷暖等方面的差别就构成了色彩之间的对比。每一方面的对比都不是纯粹的对比，因为，一种对比可能有着另一种对比的性质，如色相对比中难免有着明度对比或纯度对比的性质。

色彩的对比构成是色彩现象与色彩艺术中最具普遍性的，在任何色彩构图中都是客观存在、不可避免的。这种差别越大，对比效果就越明显，缩小或减弱这种对比的效果就越趋于缓和。并且，色彩在色环上距离的远近决定着色相对比的强弱。两色在色环上的距离越远，色相对比就越强，反之则越弱。

色彩对比具有极大的魅力，可以带来强烈的视觉冲击力。因为没有对比，就不存在色彩的视觉效果，人的视觉只要能感觉到眼前的物象，就说明色彩差异和色彩对比的存在，只是这种存在有强、有弱、有积极的、有消极的。在应用设计中，色彩诱人的魅力，主要就在于色彩对比因素的妙用，通过强化色彩对比关系，来吸引人们的注意力。

2.3.1 色相对比

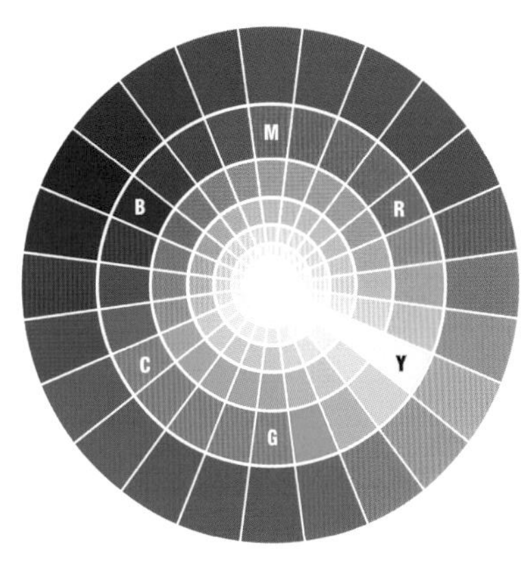

图 2.5 色相环

将不同色相的色彩并置在一起，通过对比显现出差别的方式称为色相对比。

色相对比的强弱取决于色相在色环上的位置。从色相环上看，任何一种颜色都可以作为起点，组成同类色、类似色、邻近色、对比色和互补色的对比关系。各种色相对比都有自身的画面效果和特征（图2.5）。

这是一种最为单纯的对比，因为，这里所指的色相仅指色相环上的色彩，不包括由于明度与纯度变化而引起的色相变化。色相环上的色彩都是纯度最高的，所以在色相的差异上也是最明显的。

我们从色相环上可以看到，一个色相与另一个色相之间，总有着大小不等的角度，如黄色与带黄的绿之夹角是45°，黄色与蓝绿之夹角是90°，黄色与带绿的蓝之夹角是120°，黄色与紫色的夹角是180°。从（图2.6）中可以认识到，颜色之间的夹角越大，颜色的对比就越强烈。

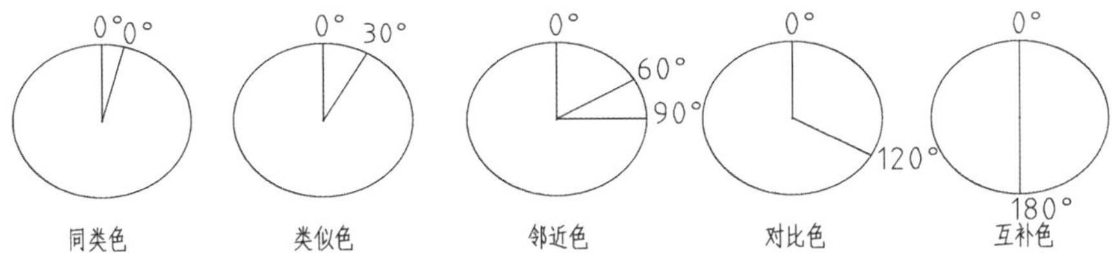

图 2.6 色相分类

1. 同类色相对比

将主色和与之相对比的色彩放置在色相环上15°左右时，所呈现的对比关系为同类色相关系，它们的关系是趋近于单色变化的关系，在色相对比中是极其微弱的。这种色相对比由于十分微弱，而稍显缺乏个性，所以画面表现出视觉感弱、色调和谐的特点（图2.7）。

图 2.7 同类色相对比

2. 类似色相对比

对比双方的色彩在色相环上的位置相差在0°～30°的范围之内，属于类似色相对比。它是色相的弱对比，采用这种色相对比关系设计，有长处也有短处。其长处在于它能使画面关系和谐，雅致，保持统一，同时也不失具有变化的效果，比同类色对比丰富（图2.8）。其短处在于，如果色相差过小，会出现单调感，视觉的满足感不强。如遇这种情况可以加大明暗反差和纯度反差来加以补偿。

图 2.8　类似色相对比

3. 邻近色相对比

对比双方的色彩在色相环上的位置相差在60°～90°的范围之内，属于邻近色对比，它属于色相中较弱的对比，比同类色相对比效果丰富得多（图2.9）。

4. 对比色相对比

将色相对比双方的关系放置于色相环上，达到90°～120°，甚至150°之内的对比，称作对比色相关系。这种对比方式各色相感鲜明，相互之间不能代替。它们的对比关系相对补色的对比略显柔和，同时又不失色彩的明快和亮丽。此对比属于色相中的中强度对比。其特点是效果十分强烈、鲜明（图2.10）。

图 2.9　美国 Pico 街和 28 街交叉口的经济适用房

图 2.10　好莱坞红色大厦、蓝色大厦、绿色大厦

5. 互补色相对比

我们把两种色相的位置处于180°左右的色彩关系，称作为互补色相关系，如红与绿、黄与紫、蓝与橙等。在色相对比中，这种对比的效果最强，是色相对比的归宿。它比对比色相对比更完整、更充实、更富有刺激性。两种色相彼此以对方色彩的存在而增强其视觉冲击。其画面显得饱满、活跃、生动。如当黄与紫并置时，黄的会更黄，紫的会更紫，因此，其对比效果十分强烈、鲜明（图2.11）。

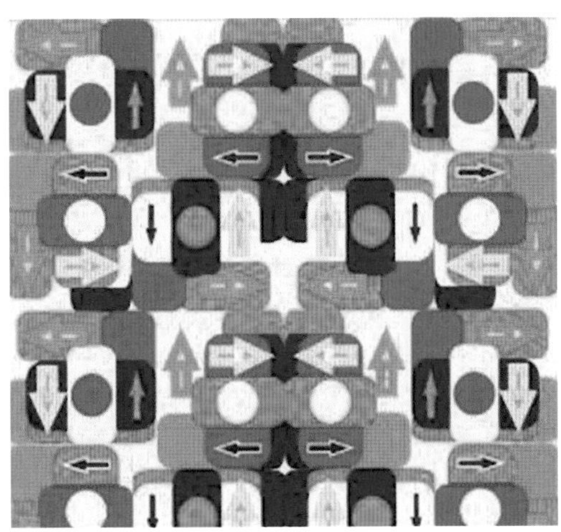

图 2.11　对比色相对比

2.3.2　明度对比

特别提示

补色是生理视觉的基础，同时，补色规律也是色彩和谐的基础，是画面构图平衡的关键。人的视觉只有在补色的关系建立的情况下才能感到舒适。

首先，要明确明度对比的各种调子不是特指无彩色的黑色、白色、灰色中的明暗配制，明暗调子同样存在于有彩色中。有彩色中的明暗表现比无彩色的黑色、白色、灰色的关系要复杂得多，它对进行色彩设计的人们提出了更高的要求。

明度对比是指将不同明度的色并置产生明暗对比效果的视觉效应，也称作色彩的黑白度对比。它是人眼在观看对比图形时产生的视错觉，明度对比对人眼的刺激最为强烈（图2.12）。

图 2.12　明度对比

色彩的层次与空间关系主要依靠色彩的明度对比来表现。在明度对比中，对比的强弱决定于色与色之间的明度差别的大小。正是这种对比的存在，使得画面或空间有一种近似素描的效果，能产生空间和层次感，能表现色彩的体感。

2.3.3 纯度对比

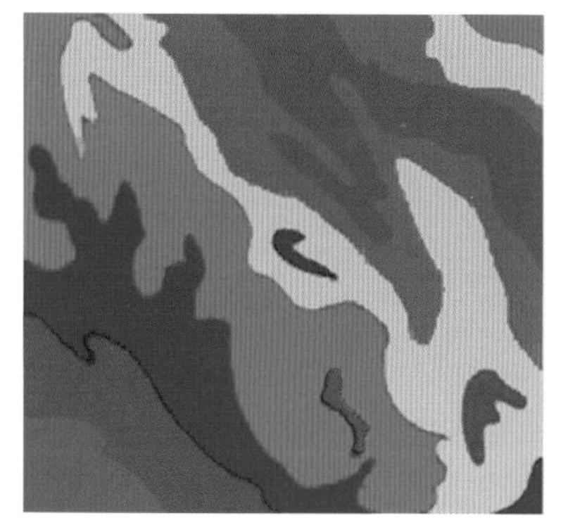

图 2.13 纯度对比

因色彩纯度的差异而形成的色彩鲜浊对比称作为纯度对比。纯度对比的主要特点是控制色彩的鲜灰对比度。纯度对比越强，鲜色一方色相就越鲜明，从而也就增强了配色一方的艳丽、活泼及感情倾向。纯度对比弱时，应避免出现粉、灰、脏、闷、单调的倾向，否则就很难表现色彩的个性和情感。所以在色彩设计中，纯度对比是非常重要的因素（图2.13）。

纯度对比可以是纯色与含灰的色彩的对比（但在色感上并不会很理想），也可以是各种不同色彩倾向的灰色间的对比（这是一种弱对比，但色彩的感觉并不一定差），还可以是纯色之间的对比。

降低色彩的纯度有以下四种方法。

1. 加白

纯色混合白色，可以降低纯度，提高明度，同时也会因白色的混合使其色相的色性偏冷。如黄加白变为带冷的浅黄（图2.14）。

2. 加黑

纯色混合黑色，在降低明度的同时又降低了色彩的纯度，所有色相都会因加黑后而失去原有的光彩，变得沉着、幽暗、伤感，黄色中加入黑色，会变得阴沉，紫色加黑，既可以保持稳定的优雅，又显得沉静、暗淡、格调高雅，大多数色彩会因加黑色使得色性转暖（图2.15）。

图 2.14 加白降低纯度

图 2.15 加黑降低纯度

3．加灰

要善于使用各种不同明度的灰色，尤其是等明度的灰色，即单纯变化某一色的纯度，可以用黑白色调一个与此色明度相等的灰色，它可以不改变此色的明度和色相，只降低纯度。如加入其他的色彩来降低纯度，往往难度较高，做不好还会改变色相和明度关系，使画面秩序受到影响（图2.16）。

4．加互补色

纯色混合相应的补色，使纯色变为浊色，因为一定比例的互补色相混合产生灰色，相当于纯色混合无彩色的灰。例如，黄色加紫色可得到不同程度的黄灰色，红色混合绿色可得到不同程度的红灰色。如果互补色相混合后用白色提高明度，便可得到各种微妙的灰色，这种灰色都带有暧昧的色彩倾向。利用纯色的变化可以衍生出无数个不同程度的灰色，可构成极其丰实的色调，这在应用色彩中起到很重要的作用，由于这些灰色带有色彩倾向，其有柔和的视觉效果和耐人寻味的心理效应，因此在设计中经常被应用（图2.17）。

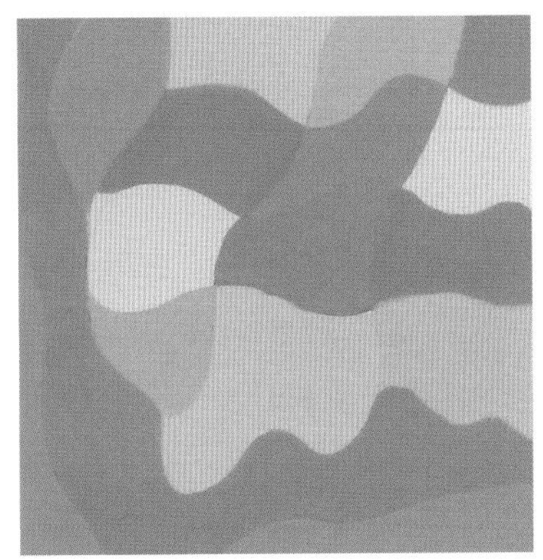

图 2.16　加灰降低纯度

图 2.17　加互补色降低纯度

2.3.4　面积对比

两种或两种以上的颜色共存于同一画面、同一视觉范围内时，相互间存在比例关系。不同面积比例显示色彩不同量的关系，因此又产生不同的色彩对比效果。各种色彩在画面中所占的面积比例变化和差别引起的色相、明度、纯度、冷暖等方面的对比称作为面积对比。

1．强对比

当两种颜色以相等的面积比例同时出现时，这两种冲突就达到了高峰，属于强对比（图2.18）。

图 2.18　面积强对比

2．中对比

一方的面积增大时，增强一方，减弱一方，整体的色彩对比也就相应减弱了（图2.19）。

3. 弱时比

当一方的色面积量扩大到足以控制整个画面色调时，色彩对比效果很弱，可转化为统一色调；小面积的色相则容易突出，形成点缀色（图2.20）。

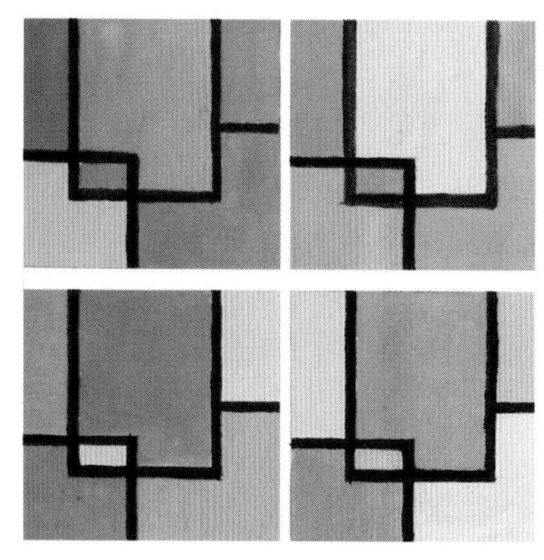

图 2.19 面积中对比

图 2.20 面积弱对比

2.3.5 冷暖对比

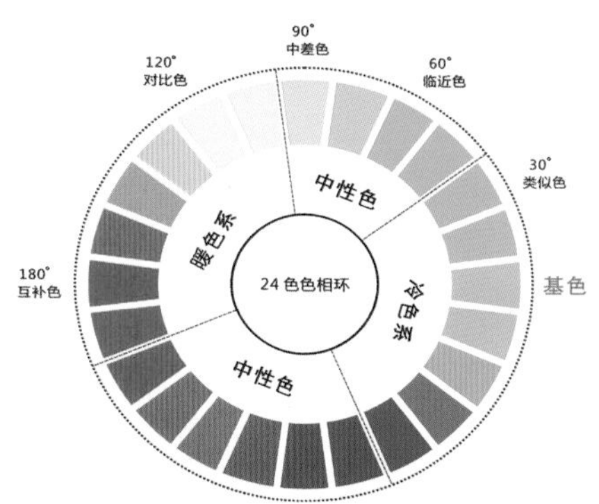

图 2.21 冷暖色相环

不同色相的色彩会给人带来冷、暖等不同的感觉，如红、橙、黄等色使人产生温暖感，蓝色给人以清冷感，这种因色彩感觉的冷暖差别而形成的对比称作为冷暖对比（图2.21）。

冷暖的感受主要体现在色相的特征上，如红色和黄色的系列为暖色是源于对阳光与火的色彩联想，而对水和冰的联想使人们将蓝色的系列列为冷色。红、黄为暖色；红紫、黄绿为中性微暖色；青紫、蓝绿为中性微冷色。橙色为暖极；蓝色为冷极。当橙色与蓝色并置时，橙色会显得更暖，蓝色会显得更冷（图2.22）。

图 2.22 暖色调与冷色调的室内设计

特别提示

实际上，色彩的冷暖不是指物理上的实际温度，而是视觉和心理上的一种知觉效应。冷暖对比只是一种相对而言的概念，把一个冷色放在比它更冷的色彩中，它会表现得比较暖些；同样，把一个暖色放在比它更暖的色彩环境中，它就会显得发冷了。冷暖的对比在实际应用中有着它们各自不同的表情和表现价值。冷色基调给人感觉寒冷、清爽。暖色基调给人感觉热烈、热情、刺激、有力量、喜庆。

此外，色彩的冷暖可以产生视觉上的远近透视：近处颜色偏暖、纯度高；对比强的色彩感觉距离近；偏冷含灰、对比弱的色彩感觉距离远。

在色彩的冷暖定性上，是要根据色彩之间的互相关系才能科学地判断的。也就是说，既要看周围的色彩的冷暖，也要看总的冷暖的面积比。另外，色彩的冷暖对比还受明度与纯度的影响，白光反射高而感觉冷，黑色吸收率高而感觉暖。一个暖色在提高了它的明度后，其暖色的程度就要降低；而一个冷色在减弱了它的明度后，其冷色就会向暖转化。同样，高纯度的色彩比低纯度的相同色相要显得冷一些，色彩的纯度提高了，冷暖关系就会发生变化。

总之，对比的目的是为了寻找差异。对比手法的使用是为了使对比双方或多方的差异清晰可辨，否则，对比就无意义。没有差异只能算是重复或根本就是同一色彩。而差异可大可小，也可以是大同小异。这也同时表明对比并不仅限于极端相反的事物。对比是为了和谐统一，学习对比是为了和谐，对比只是表现手段。

如果要把五种对比的视觉作用区别一下的话，那么，明度对比的作用可能相对大一些，这主要同它的空间塑造功能有关。在视觉的张力上，纯度对比的作用也是不可轻视的。总之，这五种对比归纳起来，是从视觉与心理两个角度出发，来提高设计视觉形态的张力，提高层次感和空间感的。

特别提示

对比是一种色彩设计的手段，也是设计师们经常运用的追求目标的途径之一。仔细分析会发现，以上的五种对比有时是无法在设计中完全分清楚的，各种对比经常混杂在一起，只是各自的视觉上分量不同而已，因此，很少存在单纯的某一种对比的设计。

2.4 色彩的构成方式——色彩的调和

两种以上色彩在配置中，会在色相、纯度、明度、面积等方面或多或少的有所差别，这种差别必然会导致不同程度的对比。色彩的调和就是在各色的统一与变化中表现出来的，也就是说，当两个或两个以上的色彩搭配组合时，为了达成一项共同的表现目的，使色彩搭配在一起，既不过分刺激，也不过分平板，调整成一种和谐、统一的画面效果，这就是色彩调和。调和包括统一和变化，在统一中求变化，在变化中求统一。色彩调和是审美心理的需求，是配色美的一种形态。对色彩和谐的解释历来就有多种看法：如“调和就是近似”“调和等于秩序”“调和包含着力量的均衡”“和谐是符合目的的需要”“调和即愉悦、舒适、好看的色彩”“调和是形和色的统一”等，种种论点，都从不同的侧面反

> **特别提示**
>
> 色彩的和谐是就色彩的对比而言的，有对比才会有调和。两者是矛盾的统一，既互相排斥，又互相依存，相辅相成，相得益彰。色彩的对比只是认识色彩变化的手段，调和才是运用色彩、解决色彩问题的关键。

映了对调和美感的要求。

调和可以在以下两种情况下使用：一是在构成画面色彩时，灵活自由地组成美的、和谐的色彩关系；二是当发现色彩搭配不调和时，使用适当方法予以调整。色彩的调和可以概括为两个方面，即类似调和和对比调和。

2.4.1　类似调和

1．同一调和

同一调和是在色彩三属性中将其中某一种属性完全相同，并使色彩的组合关系中含有一个方面的同一要素，变化其他两个要素。如同一色相调和，色相不变，仅变化明度和纯度；或者明度和纯度都不变，只变化色相。

当两个或两个以上的色彩对比效果非常尖锐刺激时，将一种颜料混入各色中去增加各色的同一因素，改变色彩的明度、色相、纯度，使强烈刺激的各色逐渐缓和，增加同一的一致性的因素越多，调和感就越强。如当两色面积相等，而且成为补色时，会由于强烈的对比刺激而显得不和谐。但如果彼此双方都调上灰色，都有了灰色的色素，就削弱了对比度，强烈对比的画面就会得到缓和（图2.23）。

图 2.23　同一调和，杭州某楼盘

2．近似调和

在色相、明度、纯度中，某种元素近似，变化其他元素以求调和，这就是近似调和。它主要包括：近似明度变化色相和纯度；近似色相变化明度和纯度；近似纯度变化明度和色相；近似明度、纯度变化色相；近似明度、色相变化纯

> **特别提示**
>
> 无论是采用哪种近似调和方法，都应本着统一中求变化的原则。单调乏味不好，模糊不清也不好，关键是色彩对比要恰到好处。

度；近似色相、纯度变化明度（图2.24）。

1）色相调和

色相调和就是在对比色各方中同时混入同一色相，使对比色的色相逐渐形成具有共同色素的调子。如画面中同时混合黄色或绿色，构成黄色调或绿色调；同时混合红、橙色或蓝、蓝绿色，构成红、橙暖色调或蓝、蓝绿冷色调。明度和纯度要尽量保持与原状近似，这样原来强烈的对比就会被削弱，形成在混入色相基础上的统一与和谐，同一色相注入越多，越能感到调和。只要把握好明度与纯度的关系，画面将成为雅致而和谐的色调（图2.25）。

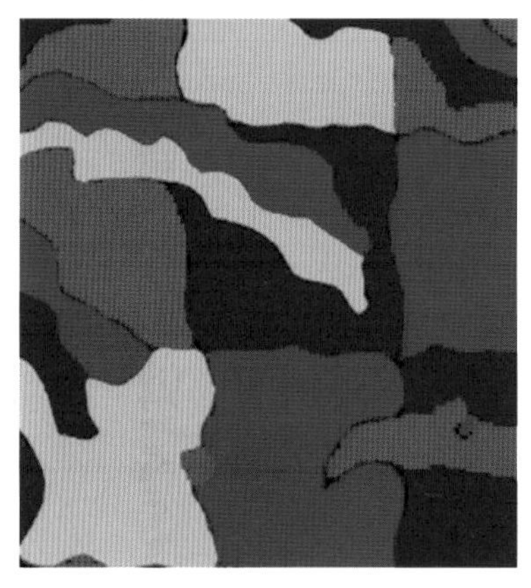

图 2.24　近似调和

图 2.25　色相调和

2）明度调和

明度调和就是在对比色各方中混入白色或黑色，明度都会提高或降低，绝大部分纯度会降低，色相虽然不变，但是个性被削弱，原来色彩间的过分刺激的对比也会被削弱。但是要注意：混入的白色、黑色的量应与明度、纯度成一定的比例，其效果会极为精致。混入的黑色、白色越多，也越容易取得调和（图2.26）。

3）纯度调和

纯度调和就是在对比色各方混入同明度、不同量的灰色。使原来的各对比色在保持明度对比的情况下，纯度相互靠近。由于纯度在降低，色相感也被削弱，原来强烈刺激的对比效果也被削弱，调和感增强，使画面形成含蓄、稳重的调子。灰色混入越多，则调和感越强。但要注意不要过分调和，否则会出现过于暧昧、含混不清的感觉（图2.27）。

图 2.26　明度调和

图 2.27　纯度调和

2.4.2 对比调和

不依赖某种元素的一致和近似，而通过色相、明度、彩度的不同来组合出视觉上的有序，达到色彩和谐的目的，这是对比调和。在多色的构成画面中，必然存在色彩的对比、差别，如果说差别是色彩对比的本质，那么共性就是调和的根据。对比调和要求色彩鲜明、活泼、生动。在色彩中，无论色相、明度，还是纯度，只要能形成一种渐变系列，就能达到调和。可以说对比调和的关键是如何建立色彩秩序。选择共性很强的色彩组合，或者增加构成画面中对比色各方的共同性，是避免和减弱过分刺激的对比而取得色彩调和的基本方法。

1. 渐变对比

在对比强烈的色彩中，编排加入相应的等差和差比序列，使它在强烈的对比中具有统一的节奏和秩序，以此来减弱过于强烈的色彩对人所产生的刺激。如依靠色相的自然推进和明暗的协调变化及纯度的逐渐减弱，来使对比变得柔和，形成色彩调和效果（图2.28）。

2. 面积对比

调整各色彩在画面中所占的面积比例，使其中一色的面积增大，以绝对的优势压倒对方，形成统治与被统治的关系而取得调和（图2.29）。

图 2.28 渐变对比调和

图 2.29 面积对比调和

图 2.30 隔离对比调和

3. 隔离对比

在强烈的色彩对比混入相同的第三色，或在对立方中加入一定量的无彩色系列色，即以“居间色”调和的方式，用黑、白、灰或金银等金属色进行间隔，以消除各色相之间的排斥感。使对比的双方建立相同的因素来达到和谐的目的（图2.30）。

色彩的对比与调和是相互依存的矛盾的两个方面，它涉及色彩的色相、明度、纯度及面积、形状等诸多因素。如何处理这些因素的变化和统一，是获得色彩美感的重要保证。色彩的对比与调和是相辅相成、互为补充的，绝对的对比会显得刺激、杂乱无序，失去和谐之美；绝对的调和会显得苍白无力，产生刻板、单调、乏味之感。因此，色彩的运用关键在于怎样处理好色彩的对比与调和的关系，在对比中求统一，在调和中求变化，才能够达到既生动又和谐的色彩效果。

本模块小结

本模块主要介绍了色彩构成的概念、色彩的三属性、色彩的构成方式。

色彩的构成方式包括色彩的对比、色彩的调和两种方式。色彩的对比包括色相的对比、明度的对比、纯度的对比、面积的对比和冷暖对比。色彩的调和包括类似调和、对比调和。

具体来说，色相的对比包括同类色相、类似色相、邻近色相、对比色相和互补色相的对比。纯度对比包括加白、加黑、加灰和加互补色的方法。面积对比有面积的强、中、弱的对比。类似调和有同一和近似两种调和方式。对比调和有渐变、面积和隔离3种对比。

【综合实训】

1．运用色彩对比的构成方式，构思一张色彩构成，画面尺寸为12cm × 12cm。

2．运用色彩调和的构成方式，构思一张色彩构成，画面尺寸为12cm × 12cm。

3．运用色彩构成的知识，做给定的建筑的外立面色彩设计。

要求：

(1) 构成的意识要贯穿始终，综合运用形式美的构成法则。

(2) 综合运用色彩的对比与调和中的各种方法。

(3) 画面整洁，做工精致，颜色均匀，稀稠度得当。

(4) 从色彩的角度抽象地、感性地、意识性更强地表现设计意图和控制画面表情。

(5) 将专业、班级、姓名合理布置在底板上。

模块 3

立体构成

教学要求

通过本模块的学习，使学生能够了解立体构成的基本概念、形态的分类、形态的基本造型要素及立体构成的基本构成形式，能按给定要求进行立体形态构思。通过立体构成的学习、训练，培养学生的想象力、创造力和形体塑造能力。

教学目标

能力目标	知识要点	权 重	自测分数
能掌握立体构成的语汇，具备一定的三维空间思维能力	立体构成的概念、形态的概念、形态的造型要素	10%	
能掌握最基本的立体构成方法	立体构成的基本构成形式	40%	
具备一定的三维空间创造力和形体塑造能力	立体构成方法的综合运用	50%	

引例

立体构成是以一定的材料为基础，以力学为依据，将造型要素按照一定的构成原则组合成美好的型体的课程。

通过对立体构成的学习，能够让学生从平面的思维模式进入到立体的思维模式。深入了解立体形态，并能够进行立体形态创作，培养良好的三维想象能力和创造能力。通过对不同结构方法的探索，以及对形态、色彩、肌理等综合心理感受的摸索，熟悉和掌握立体构成的创作方法，并能根据一些具体的条件做出符合要求的立体设计来。

一幢建筑的平面设计完成以后，必须将建筑升起来，进行三维造型设计。那么怎么构思三维造型设计呢？从哪里着手构思？方法与手段有哪些？本模块就是关于这些问题的探讨。

3.1 立体构成的概念

立体构成是以一定的材料，以视觉为基础，以力学为依据，将造型要素按一定的构成原则组合成美好的型体的造型艺术。它是研究立体造型各元素的构成法则，是相对于模仿的一种造型新概念。其任务是，揭示立体造型的基本规律，阐明立体设计的基本原理。立体构成不仅是材料媒介的运用，也是个人感情、认识、意志的表达；立体构成的表达形式是图式的、感性的，它的构思方式是数理的。

立体构成是由二维平面形象进入三维立体空间的构成表现，立体构成与平面构成既有联系又有区别。联系的是：它们都是一种艺术训练，引导了解造型观念，训练抽象构成能力，培养审美观，接受严格的规律训练。区别的是：立体构成是三维度的实体形态与空间形态的构成。结构上要符合力学的要求，材料也影响和丰富形式语言的表达，立体构成是用厚度来塑造形态，它是制作出来的。同时立体构成离不开材料、工艺、力学、美学，是艺术与科学相结合的体现（图3.1和图3.2）。

图 3.1　立体构成在设计中的运用，何香凝美术馆

图 3.2　立体构成在设计中的运用，岭南美术馆

3.2 形态的概念

我们生活的这个世界是立体的，是可以去观看和触摸的，因此我们把立体的东西称之为“形态”。“形”是指一个物体的外形或形状，“态”是指蕴含在物体内的精神态势。“形”的大小、厚薄、外形、轮廓、形体、相貌、结构形式、轻重等要素的总状态称为“形态”。“形态”是物体的外形与精神的结合与统一。自然万物的各种形态，不论其如何复杂多变，都是由抽象的点、线、面、体构成的。在立体构成中，当点、线、面、体具有了一定的厚度时，就明确呈现出三维空间的特征，这四要素巧妙地组合设计，就可以变化为丰富多彩的形态。

平面造型中我们称平面的形为形状，这个形状是物象的外轮廓。立体造型中形状是指立体物在某一距离、角度、环境条件下所呈现的外貌，而形态是指立体物的整个外貌，即形状是形态的诸多面向中的一个面向的外轮廓，形态则是诸多形状构成的统一体（图3.3和图3.4）。

图 3.3　形状

图 3.4　形态，青岛红树林度假世界

3.2.1　形态的分类

从不同的角度可以把形态分为很多类型，在这里主要介绍具象形态和抽象形态。

(1) 具象形态，是依据“模仿说”理论，对自然写实的形象，即未经加工提炼原形或加工提炼程度很低的形态（图3.5）。

图 3.5　常州中华恐龙馆

(2) 抽象形态，是指从自然形态中高度提炼加工出来的形态，如直线、曲线、直面、曲面、几何体等（图3.6）。

图 3.6　日本 Akiha Ward 文化中心

从思维活动角度来说，运用形象思维所描绘的形象是具象形态；运用概念思维描绘的形象是抽象形态。

3.2.2　形态的基本造型要素

特别提示

抽象形态和具象形态的区别只是提炼概括程度的高低，并不意味着抽象形态高于具象形态，抽象形态和具象形态同样具有很强、很广阔的表现空间。具象形态和抽象形态的概念是相对的，两者之间在一定的条件下可以相互转化。

1. 点

点是造型的出发点，是构成立体构成形态最基本的元素。点存在于线段的两端、线的转折处、圆锥体的顶角等位置。由点构成的虚线、虚面能够让人感觉到有时间性、关联性，或有轻松、韵律的效果。

与平面构成中一样，立体构成中的点也具有形状、大小、色彩、肌理。立体构成中的点的作用主要是通过凝聚视线而产生心理张力。但是立体构成中的点与平面构成中的点也是有很大的区别的。

图 3.7　点元素构成的雕塑

点在立体造型上的特点是确定位置。它在造型学上的特性是：在立体构成中，点是一种表达空间位置的视觉单位，不管它的大小、厚度、形状怎样，只要它同周围其他形态相比具有凝聚视线和表达空间位置的特性，是最小的视觉单位，我们就可以称之为“点”。也就是说，点的概念不是绝对的，因为在立体构成中，不可能存在真正几何学意义上的点，而只能是一种相对的比较。如你和蚂蚁在一起时，是一个“体”，而当你和一座楼房比较时，就是一个点了（图3.7）。

点的构成，可由于点的大小、点的亮度和点之间的距离不同而产生多样性的变化，并因此产生不同的效果。同样大小、同样亮度及等距离排列的点，会给人秩序井然、规整划一的感觉，但相对也显得单调、呆板。不同大小、不等距离排列的点，能产生三维空间的效果。不同亮度、重叠排列的点，会产生层次丰富、富有立体感的效果。

特别提示

点虽然是造型上最小的视觉单位，但因为点具有凝聚视线的特征，因此，点往往成为关系到整体造型的重要因素。

2．线

线可看成是点移动的轨迹、面的交界、体的转折。线在造型学上的特点是表达长度和轮廓。根据其存在的状况，可分为积极的线和消极的线两种。所谓积极的线是指独立存在的线，如绘画中的线条；三维形态中各种线类材料，如钢丝、绳索等实际存在的线条。所谓消极的线是指存在于面的边缘和体的棱边的线。

线的构成方法很多，或连接或不连接，或重叠或交叉，依据线的特性，在粗细、曲直、角度、方向、间隔、距离等排列组合上会变化出无穷的效果（图3.8）。

图 3.8　线元素构成的城市雕塑

与平面构成中一样，线的形式不同，产生的视觉效果也不同。直线得到的感觉是明快、简洁、力量、通畅、有速度感和紧张感。曲线得到的感觉是丰满、感性、轻快、优雅、流动、柔和、跳跃，并具有节奏感。此外，在立体构成中，线还具备延伸、扩展、连续、通透等三维空间中才能展现出来的性质，韵律感较强，富有生动性和表现力（图3.9和图3.10）。

图 3.9　加拿大魁北克 Monique-Corriveau 图书馆

图 3.10　瑞典银行大楼

常用的线材有铁丝、铜线、铝管、漆包线、铜棒、铁棒等金属材料，以及尼龙线、麻绳、竹、木、玻璃棒、吸管、木筷子、塑料管等非金属材料。相对于其他的面材、块材，线材可选择的范围大，且线材也便于加工制作，在立体造型中使用的比较多（图3.11和图3.12）。

图 3.11　上海世博会瑞士馆外表面的铁丝线材

图 3.12　武汉琴台艺术中心外表面的混凝土线材

3．面

面在造型学上的特点是表达一种“形”，是由长度和宽度两个维度所共同构成的“二维空间”（它的厚度较弱）。在立体构成上，只要其厚度、高度在和周围环境比较之下，显示不出强烈的实体感觉时，它就属于面的范畴。

面材主要起限定空间的作用，比线材充实明确；比体材轻巧。面材结构主要表现空间造型，通过对面材的切割、折叠、组合排列，形成空间造型（图3.13）。

图 3.13　面的立体构成运用，上海荷合院

不同的面可以传达不同的情感。直面：具有单纯、舒畅的感觉，表现造型的简洁性。垂直面：严肃、紧张。水平面：具有安静、平稳、扩展的感觉。斜面：具有动感，在空间中给人强烈的刺激。曲面：具有温和、柔软、流动的表情。

常用的面材有卡纸、吹塑纸、苯板、有机玻璃、PVC板塑料板、木材、金属网、布、皮革等。

4．体

体在几何学上被定义为面的移动轨迹。概念性的体有位置、方向和重量，是具有长度、宽度、厚度的三度空间（或三次元）。它的形态由面来决定，有占有实质的空间的效能，所以从任何角度都可以通过视觉和触觉感知它的存在；体的长、宽、高的比例不同，可分为块体、线体、面体。

体有多种形式，如正方体、锥体、柱体、球体及这些体相互组合构成的形体等（图3.14）。

图 3.14　山东东平体育馆

在视觉感受上，体具有体积、容量、重量特征，无论从哪个角度都可以从视觉上感知它的客体性，使人产生强烈的空间感（图3.15）。

图 3.15　上海陶瓷科技艺术馆

不同的体具有不同的表现力：

立方体、柱体、球体具有庄重、激昂、雄伟、壮丽的主题情调。

锥体、多面体和有机体具有轻快、欢悦、优雅、抒情的主题情调。

立体造型中常用的块材多为非金属材料，如石膏、橡皮泥、黏土、砖、木材、苯板块、海绵等，这些材料质地松软，便于加工。

3.3　立体构成的基本构成形式

3.3.1　点的构成

点的构成也称粒体构成，它在立体构成中是形体的最小单位。只要是相对小的形体，粒体的形象便可以是任意的。就如同衣服上的纽扣，虽然起着点缀的作用，但其造型

> **特别提示**
>
> 点限空间构成中，粒体的大小不允许超过一定的相对限度，否则它就会失去自身的性质而变成块体的感觉。用众多数量的粒体做构成时，要处理好它们之间的大小、距离、疏密和均衡关系。

可以是形形色色的。

因为点不能构成纯粹的三维结构，所以粒体构成必须依靠棍棒、绳索或其他连接物体进行构成，但是可以通过色彩进行区别；由相对集中的粒体构成的立体空间形式，给人以活泼、轻快和运动的感觉特征。

3.3.2 线材构成

线材构成是通过线材的排列、组合所限定的空间形式。它具有轻盈、剔透的轻巧感。可以创造出朦胧的、透明的空间效果，其风格比较抒情，故常直接用于装饰环境的空间雕塑。如将线的形态（粗、细、截面、方、圆、多角、异形的线等）与构成方法和色彩诸因素充分调动，将会创造出各种不同意趣的空间形象。

在线材的构成中，起主要作用的因素是：长短、粗细、方向。相比较，线材比粒体的表现力更强、更丰富。不同的线的组会给人不同的感觉，比如直线体具有刚直、坚定、明快的感觉；曲线体具有温柔、活跃、轻巧的感觉。当然，这是总的表情特征，因为线材的粗细不同，还相应有各具特色的表情，如略粗的直线材构成会显得沉着有力；细的直线材构成会显得脆弱、敏捷、秀丽等。

> **特别提示**
>
> 线材无论曲、直、粗、细，与块体相比，它给人的感觉都是轻快的。线材的构成，肯定带有很多空隙，这些空隙是不可忽视的空间形态。线材的构成分为硬质线材和软质线材两种。

可以独立完成构成结构支持作用的线材，即为硬质线材。硬质线材主要分为以下两种造型方式。

1. 硬质线材构成——垒积造型

只把材料重叠起来做成立体的构造物称为垒积造型。把垒积的线材做倾斜或旋转等处理，同时按照前后的顺序交叉排列，或将线材疏密交错，可以形成丰富的层次变化，具有一定的韵律美。其特点是不加钉、扎和任何黏合剂，只允许依靠自身重量和上下结合面的摩擦系数来保持体形的稳定（图3.16）。

制作时应注意接触面不要过分倾斜，整体的重心不要超出底部的支撑面，要使空隙大小有韵律。

2. 硬质线材构成——桁架构造

以铰接构造将一定长度的线材组成三角形，并以此为单位组合成整体网架的造型方式称为桁架构造。此种结构整体性强，空间跨度大，自重轻，空间造型呈现秩序美感（图3.17）。

图 3.16　垒积造型线材构成

图 3.17　桁架构造线材构成

特别提示

制作时应注意材料的粗度与长度的对比，并要考虑到断面的形状。

受力点一定要在材料的结合部，根据铰接的特点，要考虑到节点的材料和形式的依据。另外要注意，材料自身虽不弯曲，但仍有倒塌的可能，应尽量把材料组合成三角形。

硬质的线材料很多，如较粗的铜丝、钢丝、铝丝等金属线，还有一些纸质或塑料的管子，也是制作硬质线构成的好材料。

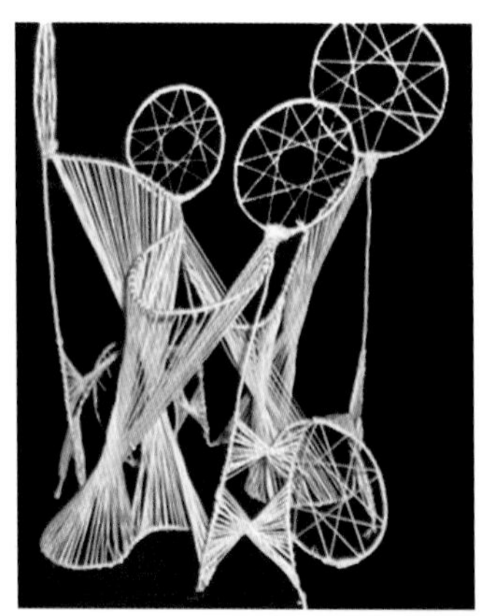
图 3.18　软质线材构成

3．软质线材构成

凡需要支撑体的线材，即为软质线材构成。由于软线必须依赖于硬质的框架，所以框架设计也成为线构成的内容之一，是与软质线共存的空间形态。框架设计，是运用一个或多个独立的框架进行的空间组合的形式，组合有重复、大小渐变、穿插、自由组合、连续框架等方法。多个线框之间可以相同、近似、渐变等进行有规律的自由组合（图3.18）。

框架的形态选择与立体线构成的设计有关，或者是与线材的缠绕方式有关。由于框架要担负着绕线的责任，所以对框架的牢固度有一定的要求。框架应有各种承受能力。线的缠绕方式能产生节奏、发射、渐变、对比等形式感。

3.3.3　面材构成

面材给人一种向周围扩散的力感，或称张力感。如厚度过大，就会使其丧失自身的特征而失去张力，显得笨重，就会有体块的倾向性。面材的立体造型在现实生活中的运用是十分广泛的。

在做面材构成的时候，要着重研究、处理好这几个方面的问题：面材与体块的大小比例关系、放置方向、相互位置、距离的疏密。要根据预定的构成目的，调整好比例关系，以达到最佳的预期效果。面材造型主要包括直面立体造型和曲面立体造型两种。

1. 直面立体造型

直面立体的造型方式有很多种，在这里，主要讲述层面排列形式。层面排列是指用若干直面或柱面、锥面等层面，在同一个平面上进行各种有秩序的连续排列而形成的立体形态；也可理解为把一个形体进行等距离切片，切片之间保持一定的距离排列成为一种新的形态。面形的构思是按照想象将其切割，其中切割的每一块就是面形，然后将这些面形按照直线、曲线、分组、发射、错位、倾斜、旋转、渐变等形式排列，层面的造型与排列应注重虚实的关系，组成的造型虚实相生，别有情趣（图3.19）。

图 3.19　直面立体构成

特别提示

层面排列的主要的插接方式是将一种相同形状的面材或两种以上不同形状的面材，在边缘处切口数个，然后相互插接，构成复杂的形体群。不是靠摩擦力来维持形态，主要是相互牵制。

2. 曲面立体造型

在基本形中间做切割或挖切，然后从适当的位置剪开，将它翻转过来，可以产生自由曲面的空间造型。切割的次数影响着形态的造型。曲面在空间占有的体量感虽然不如块体，但是它在表现活泼、轻快、迂回、委婉的节奏上，更为出色（图3.20和图3.21）。

图 3.20　Admirant 入口大厦

图 3.21　温岭博物馆

此外，还有薄壳构造、带状构造等造型方法。

3.3.4　体块构成

用具备三次元（长、宽、高）条件的实体限定空间的形式称为体块构成。体块没有线体和面体那样的轻巧、锐利和张力感，它给我们的感觉是充实、稳重、结实有分量，并能在一定程度上抵抗外界施加的力量，如冲击力、压力、拉力等。因为体的形态是无限多的，所以用它来限定和创造空间，几乎是无所不能的。

体块的材料是立体空间构成最基本的材料。由于体块的材料具有明显的空间占有特性，所以在视觉上有着比面体与线体更强烈的表现力（图3.22和图3.23）。

图 3.22　韩国瑞文戴尔宾客酒店

图 3.23　圣保罗美术馆

设计中体块进行操作的基本手法无外乎积聚、切割和变形3种，或者是两者、三者的综合操作。

1. 积聚

积聚是把基本形态作空间运动，按骨骼系统集积起来成为整体。基本单元之间通过聚集形成新形，积聚是一种“加法”的操作，基本形在空间汇集、群化，造成方向趋势上的规律和疏密，虚实上的对比，称为积聚。

这里应注意基本形体的形状、大小、位置、方向等因素在排列组合时的逻辑关系等。基本形可以重复、渐变、近似、对比、变异、交替，可以在位置上、数量上或方向上进行调整，也可以重复排列或渐变、对比排列，产生节奏和韵律感（图3.24和图3.25）。

图 3.24　积聚法体块构成

图 3.25　巴黎艺术博览会宜居的游动雕塑

不同性格特征的形体在组合的时候，形体的融合和统一的问题是非常重要的，要注重形态过渡的自然与符合逻辑。

几何形和有机形的形体过渡在设计中应用十分广泛，几何形和有机形的形体融合和过渡，使立体形态生成自然而合理，表现出立体造型的韵律和结构（图3.26）。

图 3.26　美国贝弗利山 Trousdale 住宅

2. 切割

切割是把一个整体形态割成一些基本形进行再构成。相应来讲，切割是一种“减法”的操作过程，可以采用减缺、穿孔、消减、移位、错落等手法将一个形象或者一个块体做各种不同的分割操作，从而赋予形态以不同的新的性格。因为原本是一个整体，经过切割移位操作的形态，如果其变化尚能看出原形，那么各局部间的形态张力会造成一种复归的力量，使形体形态具有统一的效果（图3.27和图3.28）。

图 3.27　切割法体块构成，崔振宽美术馆

图 3.28　切割法体块构成，美国银湖区办公楼

3. 变形

将基本素材进行变形，是体块构成设计中的另一种操作手段。将形态进行变形的操作主要是指对基本形态线、面、体进行扭曲、残形、倾斜、退层、旋转等各种操作，使形态发生变化，产生紧张感，从而形成各种新形态。

扭曲的形体更柔和，富有动态和韵律。膨胀表现出形体内力对外力的反抗，富有活力。残形使人产生震惊和疑惑，极富吸引力。倾斜的形体具有动感，表达生动活泼的特点。退层处理是形体外表层层脱落，有一定的动感和生长感。旋转的形态表现一定的运动感和向上的方向感（图3.29和图3.30）。

图 3.29　变形法体块构成，山东美术馆

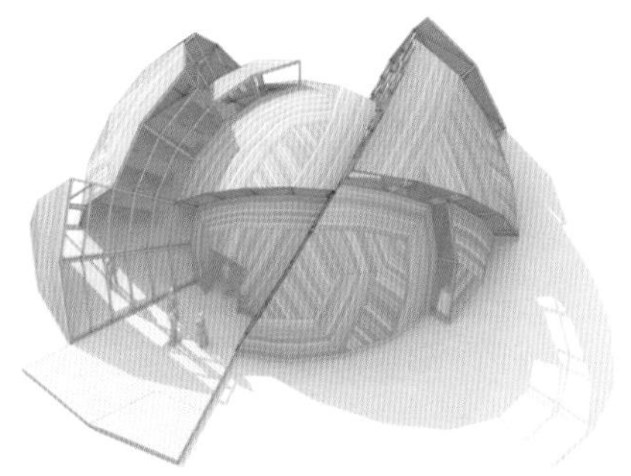

图 3.30　丹麦圆顶会议室

本模块小结

本模块主要介绍了立体构成的概念、形态的概念、立体构成的基本构成形式。

形态的基本造型要素包括点、线、面、体。

立体构成的构成形式包括点的构成、线材构成、面材构成、体块构成。线材构成又包括硬质线材（垒积和桁架两种构成方式）和软质线材构成。面材构成包括直面造型和曲面造型。体块构成包括积聚、切割和变形。

【综合实训】

1．综合运用点、线、面、体等构成形式，完成一个综合立体构成作品，底板尺寸20cm × 20cm，作品限高15cm。

2．在20cm × 20cm × 20cm的立方体块上，利用“减法”的构成方法剪掉16个5cm × 5cm × 5cm的立方体小块，以形式美的原则进行创作构思，保证剩下的体块的形式美、空间感、层次感和整体感。要求剪掉的16个小块必须按设计分布在立方体块的几个面上，不能集中在一处，并且要保证得到的体块是以5cm × 5cm为模数。

要求：

(1) 要考虑选料的材质及黏结方式。

(2) 组合时注意多方案比较，注意形式美的构成法则。

(3) 做工要细致工整，黏结牢固。不能出现溢胶、参差不齐、有缝隙、出头等现象。

(4) 将专业、班级、姓名合理布置在底板上。

模块 4 空间构成

教学要求

通过本模块的学习，使学生能够了解空间构成的概念、空间的特点、空间的构成要素、空间限定的方法、空间的组合方式，能按给定要求进行空间形态构思，完成某特定要求的空间设计，通过空间构成的学习、训练，培养学生的三维空间想象能力和三维空间的塑造能力。

教学目标

能力目标	知识要点	权 重	自测分数
能掌握空间构成的语汇，能具备一定的三维空间思维能力	空间构成的概念、空间的特点、空间的构成要素	10%	
掌握空间限定的七种方法，能运用空间限定方法限定出空间	空间限定的方法	50%	
能进行单一空间和多空间的组合设计	单一空间的组合方式、多空间的组合方式	40%	

引例

在大自然中，空间是无限的，但在我们周围的生活中，我们正在用各种手段取得适合自己需要的空间。建筑空间是一种人为的空间。墙面、地面、屋顶、门窗等围成建筑的内部空间；建筑物与建筑物之间，建筑物与周围环境中的树木、山峦、水面、街道、广场等形成建筑的外部空间。

本模块的主要内容为空间构成的概念、空间的特点、空间的构成要素、空间限定方法的讲解、单一空间和多空间的组合方法的介绍。

一幢建筑的平面设计与立面、造型设计固然重要，但是内部空间的设计也绝对不能忽视。因为建筑的首要功能是供给人们使用，因此内部空间的设计是实现建筑功能的重要方面。当人们从平面领域跨入真正的空间领域，会突然发现，设计的语言一下子变得无限丰富，摆脱了固定不变的轮廓，多视角的形态变化、内外形态的纠缠、扑朔迷离的光影效果，使得构成的途径变得更困惑。如何进行空间设计？从哪里着手构思？如何限定出一个空间？如何将多空间组织起来？本模块就是关于这些问题的探讨。

4.1　空间构成的概念

空间是环绕着我们四周的范围，它是看不见、触摸不到的，即虚无之处。空间既是指物理空间（依靠限定要素或限定界面而限定出来，人们容易感受到空间的存在），又是指心理空间（实际不存在但能感受到的空间，是人们通过实体条件传递的某些信息而感受到的）。人们在不同的实体形态面前，心理空间感受是不一样的。在空间中，为形状与形体占据的范围称为实的空间，而形状与形体以外的范围称为虚的空间。空间形态不同于平面、肌理立体等实体形态，有其特殊的形成、操作和组织规律。

4.2　空间的特征

在草地上铺一块塑料布，其上方就构成一个野餐的场所。一般情况下，路过的人是不会从这块塑料布上踩过的，虽然这里是公共场所，但是这块塑料布构成了一个暂时性的私密空间，它意味着这块地方暂时是你的，所以没有人会闯入。同样是一块塑料布，如果作为雨伞在雨天撑起来，伞与地面间就形成一避雨的小天地。由此可见，空间是由点、线、面、体占据或围合而成的三度虚体，具有形状、大小、材料等视觉要素，以及位置、方向、重心等关系要素。空间的视觉效果与一系列因素有关（图4.1和图4.2）。

图 4.1　铺在草地上的塑料布形成的空间

图 4.2　撑起的树叶形成的空间

空间的效果直接受限定空间的方式影响，如在建筑中，主要是由墙面、地面、屋顶所限制。空间是人活动的场所，活动是人最初占有空间的真正目的。闭合与开敞是空间的正负反映，是人类生活的私密与公共性的需要。空间的闭合程度影响着人们的心理空间，全封闭的空间给人以明确的领地感，以及私密、安全、隔离感，尤其是当人处于面积较小的全封闭空间时这种作用力更为明显。部分开敞的空间更具有方向性、明暗与光影变化，以及与外界的联系，从而减少了空间限定的压力，使空间感有所扩大。全开敞的空间更减少了限定空间的面的作用，而与四周物体发生明显的力的作用，形成更为强烈的连续感和融合感。

4.3　空间的构成要素

4.3.1　构成要素

空间限定就是利用线等要素将未经限定的空间进行不同程度的围合、切割。限定后的空间包括两个部分：构造和分割空间的材料占据的那部分空间、围合或者分割后的空间。构成要素为线、面体。这里的线、面、体与立体构成中的构成要素有相通之处，就不再详述。

4.3.2　积极形态和消极形态

老子的《道德经》中有：“埏埴以为器，当其无，有器之用。凿户牖以为室，当其无，有室之用。故有之以为利，无之以为用。”和泥做罐子，开凿门窗盖房子，利用了实际材料，其目的却是得到内部能容受的空虚。起积极作用的是可知觉、直观化的实际材料，而依附这些实体、材料存在的空间，却是消极被动的。罐子碎了、房子拆了，材料还在；而所限定的空间却消失了，从形态设计中操作的手段和过程的角度来讲，实体形态是积极形态，依附于积极形态而存在的空间则属于消极形态（图4.3）。

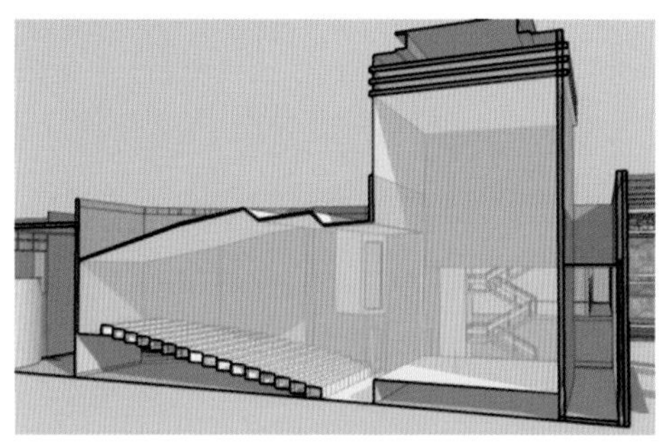

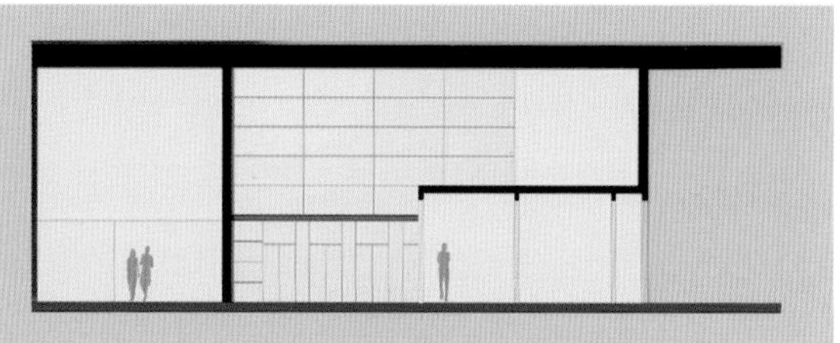

图 4.3　黄色部分为实现建筑空间功能的“消极形态”

4.4　空间限定的方法

空间本身是无限的、无形态的，由于有了实体的限定，才得以量度大小进行构成，而使其形态化。限定一个空间要从两个方向来动手：一是水平方向，首先需要有一个底面，再复一个顶面；另一个是垂直方向，围合起来就限定了空间。

4.4.1　垂直方向的限定

用垂直方向构件限定空间的方法有围合和设立。

1. 围合

> **特别提示**
>
> 围合的方式可以细分为独立垂直面、平行垂直面、L形垂直面、U形垂直面等构成方式。

围合会引起人们的驻留，具有引导、凝聚等作用。围合是空间限定最典型的形式。围合使空间产生内外之分，一般来讲，内部空间是功能性的，用来满足使用需求。同样是围，包围状态不同，空间的情态特征也不同。全包围状态表达包容的情态，单开口表达共融的感情，双开口方向强调的是轴线，多开口传达着聚散的含义。当内部空间逐渐缩小并发展到极端时，内部空间只具有象征性意义，其对空间的限定范围则转到实体形态的外部，这便是后面要提到的“设立”（图4.4）。

图 4.4　围合，上海街头

2. 设立

物体设置在空间中，指明空间中的某一场所，从而限定其周围的局部空间，我们将空间限定的这种形式称为设立，它是空间限定中最简单的形式。设立传达凝聚、挺拔、庄严雄伟之意，具有阻截的作用，产生迂回之势，使空间产生流动，给人的心理产生变幻莫测的感觉。

设立仅是视觉心理上的限定，设立不可能划分出某一部分具体的空间，提供明确的形状和度量，而是靠实体形态的力、能、势，获得对空间的占有，对周围空间产生一种聚合力。设立与地面结合，具有凝聚、挺拔、突出的特点。设立与顶、墙的结合，产生吸引、收拢的作用。例如，屋顶内吊挂的饰物、吊灯等，成为空间中的重点部位，起到吸引视觉的作用。因为吸引力是设立的主要特征，所以设立往往是一种中心限定。如广场上的纪念碑，能召集人们向中心集中（图4.5和图4.6）。

图 4.5　设立，威尼斯圣马可广场

图 4.6　吊灯设定出的空间

4.4.2　水平方向的限定

1. 覆盖

覆盖是具体而实用的限定形式，上方支起一个顶盖使下部空间具有明显的使用价值，能产生控制、庇护之势。利用覆盖的形式限定空间并不一定是为了具体的使用功能，从使用的角度衡量，覆盖所限定的空间是明确可界定的，但从心理空间的角度分析，它所限定的空间并不是明确的（图4.7和图4.8）。

图 4.7　婚礼现场通过帷幔覆盖，通道架起营造新人专属行走空间

图 4.8　覆盖的方式限定空间，巴拿马 Biomuseo 博物馆

2．肌理

底面不同色彩肌理的材料变化，不仅是装饰和美化，也是形态操作中限定空间的素材。不同的肌理能形成较强的领域性、秩序性，起到提示作用。如婚礼现场铺上地毯，为新人设置出特定的行走空间（图4.9）。

但是利用肌理变化来限定空间，是靠人的理性来完成的，空间具体的限定度极弱，因此这种限定几乎没有实用的界定功能，仅能起到抽象限定的提示作用。

特别提示

值得注意的是，越是必需的条件，越往往容易被忽略，例如我们可能经常忽略的地面，也可以作为限定空间的手段。

3．凸起

将部分底面凸出于周围空间是一种具体的限定，凸起是常用的限定空间的方法，限定范围明确肯定，易于形成突出、重点之势，使人兴奋（图4.10）。

图 4.9　通过红毯的肌理区别划分出新人行走的空间

图 4.10　天坛圜丘坛

特别提示

局部抬高1m左右仍然能够维持视觉联系，但空间连续性中断（图4.11）。

图 4.11　北京奥林匹克公园

4．凹进

凹进与凸起形式相反，性质和作用相似，被限定的空间情态特征却有不同，凸起的空间明朗活跃，凹进的空间含蓄安定。形态操作中应根据对象不同的表意要求进行选择（图4.12）。

特别提示

凹进鼓励参与，凸起强调重点。形态操作中应根据对象不同的表意要求进行选择。局部下陷仍为周围空间一部分，局部下陷1m左右则会产生不同空间（图4.13）。

图 4.12　大亚湾红树林公园

图 4.13　北京工商大学下沉舞台

5．架起

架起跟凸进的方法相似，也是把被限定的空间凸起于周围空间，但不同的是，架起强调在架起空间的下部包含有从属的副空间，形成探望之势（图4.14和图4.15）。

图 4.14　太原美术馆外景

图 4.15　福州大学新校区图书馆

4.5　空间的组合方式

4.5.1　单一空间的组合

单一空间的组合主要有面接触和体接触两种方式。面接触主要有对接和交错两种形式，对接形式易造成空间呆板的感觉，错接形式使两空间连接富于变化，产生生动的空间感。体接触的方式有共享、主次、过渡。面接触和体接触的空间组合形式在空间设计中运用比较多。这里主要介绍下体接触的3种方式。

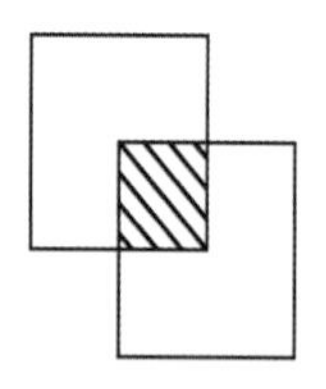

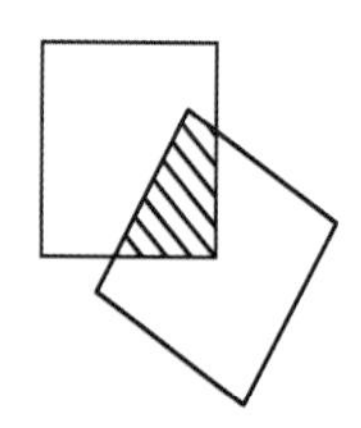

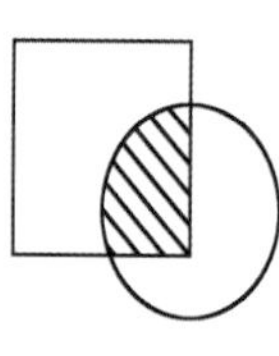

图 4.16　共享

1. 共享（联合）

两个空间形态的叠合，可以产生各种不同形式的共有关系。维持各自空间形状的特性，共享它们相互重叠的空间的方式为联合方式（图4.16和图4.17）。

图 4.17　Kyeong Dok Jai 住宅内部的共享空间

2. 主次（复叠）

主次是指两空间中的一个空间独自使用重叠部分，由于其空间完整，成为主体空间，相叠部分与主空间联合并保持完整性；而另一空间形状成为减缺，变为从属（图4.18和图4.19）。

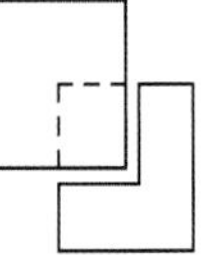
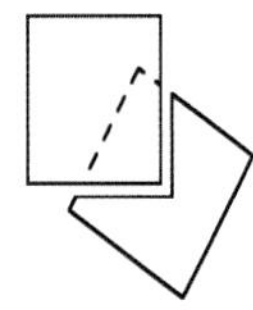
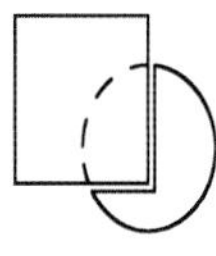

图 4.18　主次

图 4.19　日本田尻屋

3. 过渡（差叠）

过渡指两个空间组合，重叠部分独立成为完整的第三空间，保持相对独立的个性，成为原有两个空间的衔接空间，起过渡作用（图4.20和图4.21）。

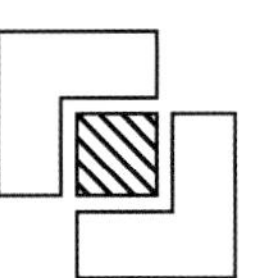

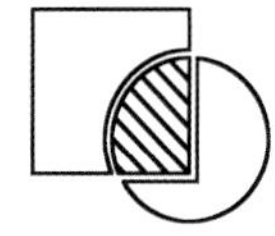

图 4.20 过渡

图 4.21　伦敦 Kew 住宅

4.5.2 多空间的组合

多空间的组合要求空间总体贯通，对多个空间单元进行组织编排，取决于单元各自体现的不同使用功能，以及不同功能发生的先后次序和主从关系，粗略地归纳起来，这些关系可以分为并列、序列和主从等形式。

1. 并列

并列是指单元功能相同或不同，但无主次关系。方法是利用骨骼与基本型的关系，形式有线性、中心式、网格式，形成重复构成或渐变构成。

1）线性组合

线性组合是指沿某线组织若干单位空间，空间排列可以是直线型、曲线型、环型、轴线型、树枝型等。线性空间排列的特点是具有鲜明的节奏感，明确的方向性，以及运动、延伸、增长的意义，有扩展的灵活性，可利于其空间的发展性。

线性组合既可水平方向组合，又可垂直方向垒积，更可以以某个水平组织为单位再沿垂直方向重叠组合，或将某个有高差的空间组织沿垂直方向重叠组合（图4.22）。

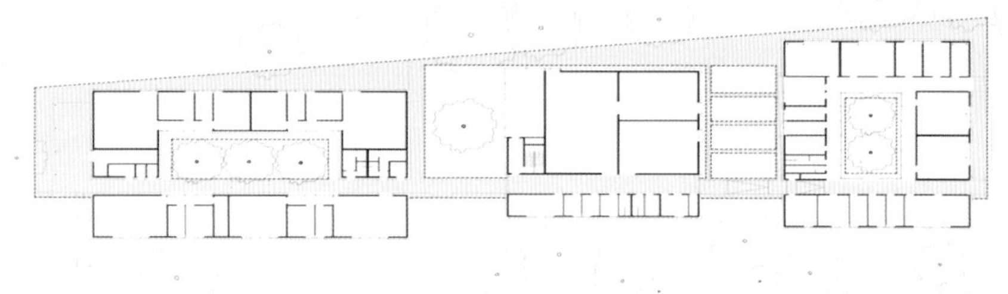

图 4.22 德国纽伦堡艺术学院底层平面图

2）中心式组合

中心式组合是若干次要空间围绕一个中心空间的组合方式。这是一种稳定的向心式构成，能表现出神圣、尊贵的表情。中心式的主导空间可以是封闭的，也可以是开放的。例如，影剧院、体育馆会议中心等是封闭空间，共享空间是开放空间（图4.23）。

3）网格式组合

网格由结构轴线交织所构成，当平面网格向第三度方向伸展后即产生空间网格。它赋予空间以秩序性，使构成的空间单元系列产生内在的理性联系，是感性和理性的自然结合。基本网格可以通过增加、减少、中断、倾斜、分割、局部特异，或结合移动、旋转、插入、混合做出变化。这些方式与立体构成中的方式是一致的，就不再重复了（图4.24）。

> **特别提示**
>
> 无论线型简单或复杂，总有明确的方向和主线，所以即使连接形状、大小不同的内空间，也能形成有序的组织。
>
> 具有重要性的空间单位可以安排在系列的任何适当位置。为了强调，常放置在系列的中央、端点或系列的转折处，以丰富系列的节奏。

图 4.23　犬吠工作室项目模型

图 4.24　江西理工大学南昌校区图书信息综合楼

2. 序列

各单元功能的先后次序关系明确，形成序列空间。就像乐曲一样，有前奏、引子、高潮、回味、尾声。序列空间是统摄全局的处理手法，是对一系列空间进行有序地组织。

复杂的空间是建立在一系列有机的、连续不断的不同体验上的，对空间的感受是一些变化着的因素，就像源源不断的溪流。空间构成与文学艺术构思中考虑主题思想和情节安排相似，即从总体上组织空间环境的秩序（图4.25和图4.26）。

图 4.25　墨西哥北方银行大厦入口的序列空间

图 4.26　Rajiv Saini & Associates 事务所设计的位于喜马拉雅山脉的住宅

特别提示

序列空间是以空间的实用性为基础，在此基础上强调空间对人的精神作用。实用性表现在空间的大小尺度、空间的前后顺序与使用的关系，以及使用功能的合理性等方面。精神性表现在发挥空间艺术对人的心理上、精神上的影响，就像乐曲一样，有起、有伏、有抑、有扬、有一般、有重点，使人自然地和空间序列产生情感共鸣，使人的情感得到抒发，对空间形态产生深刻印象。

3．主从

多空间组合时，排列的空间应强调对比与变化，两个连接的空间在某个方面呈现出差异，凭借差异突出各自的空间特点，使人从一个空间进入另一个空间时的情绪产生新鲜感和快感，形成主从关系。空间对比的运用是为了加强重点空间形象的创造，使空间主次分明。空间对比一般分为形状、方向、明暗、虚实、高低、开放、封闭等（图4.27）。

图 4.27　崔振宽美术馆

本模块小结

本模块主要介绍了空间构成的概念、空间的特征、空间的构成要素、空间限定的方法、空间的组合方式。

空间的限定方式包括垂直和水平两种方向的限定。

垂直方向的限定有围合和设立两种方法，水平方向的设立有覆盖、肌理、凸起、凹进、架起5种方法。单一空间的组合方式有联合、复叠、差叠。多空间的组合方式有并列、序列、主从。

【综合实训】

1．运用垂直方向的限定方法限定出一个空间构成，底板尺寸为20cm × 20cm，作品限高15cm。

2．运用水平方向的限定方法限定出一个空间构成，底板尺寸为20cm × 20cm，作品限高15cm。

3．综合运用垂直和水平方向的限定方法限定出一个空间构成，底板尺寸为25cm × 25cm，作品限高20cm。

4．综合运用多空间组合的方法，设计出一个空间组合作品，底板尺寸为25cm × 25cm，作品限高20cm。

要求：

(1) 构图均衡、饱满、富有美感。

(2) 空间和谐、选材得当。材料不限。

(3) 构图完整，色彩搭配合理。

(4) 将专业、班级、姓名合理布置在底板上。

模块 5
建筑模型制作

教学要求

通过本模块的学习，使学生能够了解空间构成的概念、空间的特点、空间的构成要素、空间限定的方法、空间的组合方式，能按给定要求进行空间形态构思，完成某特定要求的空间设计，通过空间构成的学习、训练，培养学生的三维空间想象能力和三维空间的塑造能力。

教学目标

能力目标	知识要点	权 重	自测分数
能正确换算出各个模型部件的尺寸	资料收集、尺寸换算	10%	
能掌握模型制作的方法	模型制作的步骤	60%	
能对模型进行细节完善	开窗、着色、水面制作、配景制作等细部完善的方法	30%	

引例

在方案设计过程中，为了便于推敲方案，建筑师常借助于建筑模型。当建筑方案定稿之后，建筑师也可以用建筑模型更直观地将方案呈现出来。本模块主要介绍建筑模型的制作方法与步骤。

5.1 模型的基本概念

依照实物的形状和结构按比例制成的物品称为模型。建筑是一种三维空间艺术。建筑设计是在图纸上完成的二维空间作品，建筑模型则是三维空间的艺术再现。因此，建筑模型对理解建筑方案非常直观，在构思的每一个阶段，都对开拓设计思维，提高设计认识，变换设计手法起着积极的作用。所以，建筑设计离不开建筑模型。

5.2 模型的作用

作为立体形态的建筑模型，和建筑实体是一种准确的缩比关系，诸如体量组合、方向性、量感、轮廓形态、空间序列等在模型上也同样得到了体现。因此，当建筑师在构思中进行体形处理时，可以首先在模型上推敲各形式要素的对比关系，如反复、渐变、微差、对位等联系关系，节奏和韵律，静和动的力感平衡关系，等差等比逻辑关系。

建筑设计中方案的形成、比较、选择是通过不断地创造性思维而逐渐发展、完善后形成的。在这个过程中，设计师要把设计的空间形体、结构、色彩、视觉效果、比例关系等建筑美学和实用效果展现在人们面前，需要通过三维的建筑模型来实现。建筑模型可以直观地反映出建筑物和周围地形的联系、建筑物全方位、多角度的形体特点、结构特色、色调、视觉效果等方面的信息。因此可以说，建筑模型是研究建筑空间的设计手段之一，是建筑师在建筑创作过程中的一个重要手段，也是交流的有效工具。

5.3 模型的分类

按照要素来分，可以分为以下三大类。

1. 结构模型

结构模型是表现实物造型结构、空间结构或技术结构的模型，通常采用单一的材质与色彩，即使采用多种材质与色彩，也仅为表现结构关系之用（如区别结构的不同部分——与地图四色同理）。结构模型是一种基本模型，我们学习制作的主要是结构模型，其主要用材为卡纸。

2．材质模型

材质模型是以结构模型为基础，重点表现实物材质的模型。凡材质都有其自身的色彩，但在这里，它们并不要求与实物的色彩一致。

3．综合模型

综合模型是综合表现实物结构、色彩、材质等多种要素的模型。

5.4 材料准备

1．切割工具

美工刀、剪刀、锯等（图5.1）。

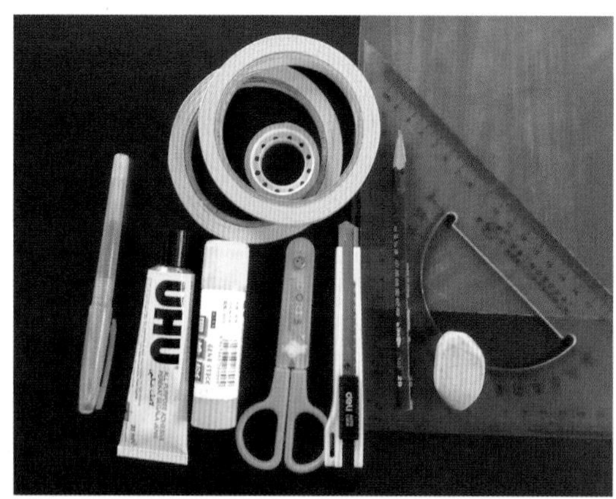

图 5.1 材料准备

2．测绘工具

比例尺、直尺、三角板、圆规、铅笔、橡皮、角尺、量角器等。

3．主要用材

kt板、有机玻璃纸、模型卡纸。卡纸规格有多种，一般平面尺寸为A2，厚度为1.5～1.8mm，或者选用PVC雪弗板；白板纸，模型制作时多用来做骨架、地形等自身稳固的物体。彩色卡纸颜色多种多样，常用来做墙面、层面、地面和路面，厚度为0.5mm，并且正面光、反面毛，质感不同。卡纸模型制作方便、色彩丰富、质量轻，但受温度和湿度影响较大，易于变形，不便于长期保存。

4．其他材料

图板、模型胶（UHU）、乳白胶、502胶、双面胶、棉签、草皮或草粉若干、植物、砂纸或锉刀、别针、一次性手套、口罩、清洁工具等。

5.5 模型制作步骤

建筑模型制作过程是一个再创造过程，它所涉及的各种因素很多，所以在制作方法上因个人习惯和具体模型的规则和要求会有所不同，大体可分为数据整理、绘制制作图、材料准备、工具准备、划线与剪裁、组装、打磨修整、底板与环境制作等。

5.5.1 数据整理

按照所做模型的比例换算出每个部件的模型尺寸。“比例”是模型概念的一个关键词。数据整理是模型制作的重要前提，数据整理必须认真、仔细。如果在这个步骤上出了问题，就会导致后面的剪裁不准确，从而导致组装的时候各个部件不能准确地组合起来。因此，数据的完整性、正确性对后面模型的制作有决定性意义（图5.2）。

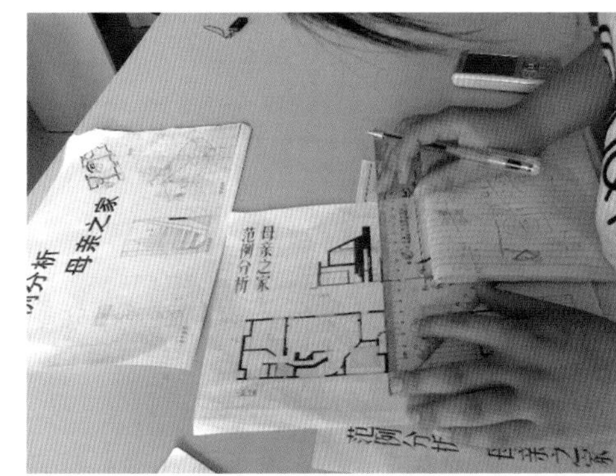

图 5.2 数据整理

5.5.2 划线与剪裁

用铅笔和尺子在卡纸的背面绘制出建筑模型裁剪图（注意要留出边缘的厚度），再用美工刀裁出所需的模型部分，留出粘贴点，划出折角线，裁出各墙面的门窗洞，去掉不需要的部分（图5.3）。

图 5.3 剪裁

注意：切割时一般是先划后切，先内后外。不需要的部分并不是没有用的部分，它可以用来制作墙壁的厚度，以及门板、窗页、壁炉、烟囱等小配设和小部件（图5.4）。

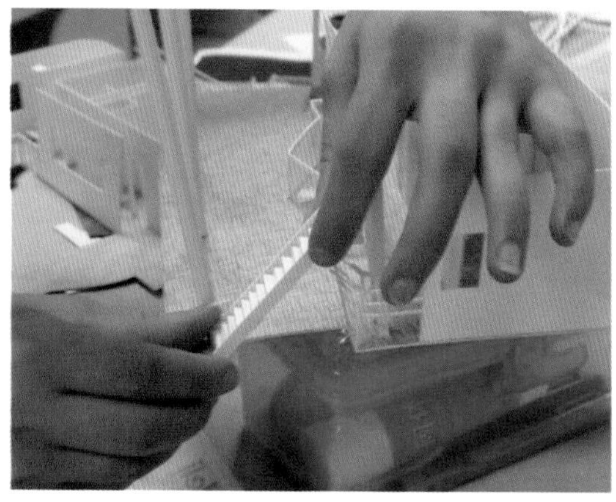

图 5.4　制作小部件

在裁剪的时候要考虑到黏结以后的情况。如把墙垂直粘在一起，那样外立面会看到其中一片墙，所以，在裁剪的时候，先把两片墙要黏结的位置切成45°，这样后期黏结的时候交接缝会好看很多。另外，刀刃要经常保持锋利，有了锋利的刀刃才能省力又高效（图5.5）。

图 5.5　切割姿势

各种纸品用剪或切的方法均可。注意：切割时，人要站起来，手持美工刀，刀刃要垂直，刀与板面要呈45°切入，刀锋要用尽，滑动刀片要又快又稳。

5.5.3　组装

按照由内到外、由小到大的原则，按平面图把裁好的零件用模型胶黏结起来（图5.6）。

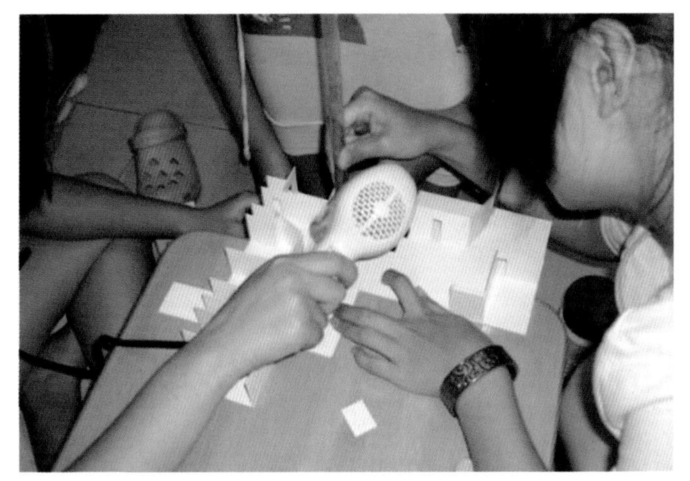

图 5.6　组装

特别提示

组装的时候，团队合作非常重要，只有齐心协力才能把模型做得更好（图 5.7）。

卡板、木材多用模型胶、乳白胶黏结。泡沫多用双面胶带黏结。黏结的时候要注意清洁，拼合对位要准确。具体要注意以下几方面：临时结合点的连接，对于那些不能及时干燥的边缘，使用胶带暂时固定。涂抹胶水时尽可能使胶水涂抹均匀，这样可以减少干燥的时间。使用直别针可以将结合点暂时固定在一起，这些别针在胶水干燥之后可以拔掉。要特别注意面与面、边与边的平行和垂直关系。组合时，要充分利用直角尺测量精确度。

图 5.7　团队合作

5.5.4　打磨修整

在组合成型后，应对接缝处进行打磨。用砂纸打磨，一般打磨一到两遍。单体组装完毕后，逐一进行整体修整，修至接缝平滑、无凹凸感，然后再把铅笔痕迹清理干净，做到模型精致清爽（图5.8）。

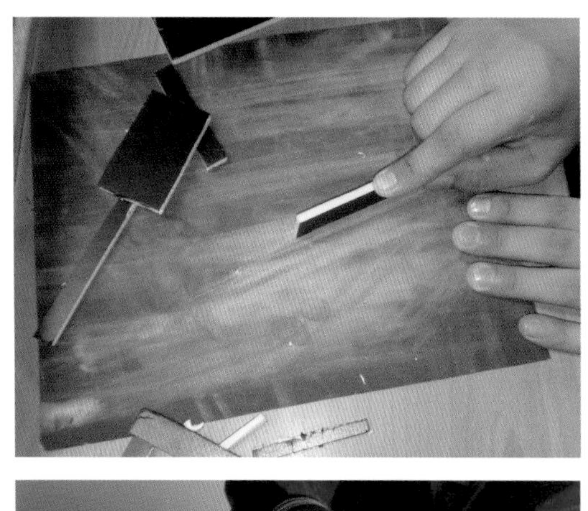

图 5.8　打磨修整

5.5.5　底板与环境制作

底板要有足够的强度能支撑起整个模型而不发生弯曲变形。山地一般采用等高线地形法来制作，沿等高线的曲线切割，粘贴成梯田形式的地形。环境主要包括绿化、景观小品、路灯、车、人等（图5.9）。

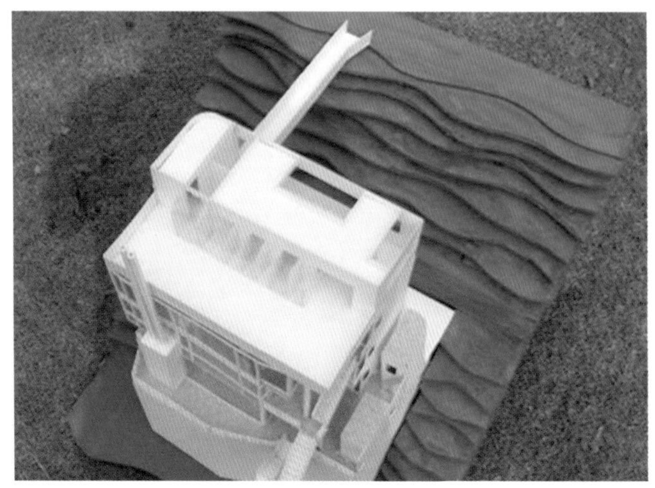

图 5.9　地形与环境制作

5.6 细节处理技巧

5.6.1 开窗

1. 外罩开窗法

用卡纸切割简单的外罩，粘在玻璃纸的外面产生一种窗子的微妙效果（图5.10）。

2. 刻画法

用铅笔画出窗子竖框线，用刀子在塑料上刻画出线，作为实际窗子竖框的图案（图5.11）。

图 5.10 开窗法

图 5.11 刻画法

5.6.2 着色

1. 广告彩上色法

多用于色纸及纸黏土上，颜料没有挥发性，但不常用于拒水的胶纸、玻璃表面上，如必须在塑料及玻璃表面上上色，则可将广告彩混合一定的洗洁精，以增加颜料的黏附程度。

2. 喷漆法

此方法非常方便，但不便宜，需要准备喷枪，也难做出混色效果，颜料具有挥发性，不适用于空气不流通的地方。

5.6.3 制作水面

如果水面不大，则可用简单着色法处理；若面积较大，则多用玻璃板或丙烯之类的透明板，在其下面可贴色纸，也可直接着色，表示出水面的感觉（图5.12）。

图 5.12 上色与制作水面

5.6.4 制作树木、草坪、配景

任何建筑物均不可能是孤立存在着的，它与周围的环境有着不可分割的联系，并与环境形成一种特定的氛围。

(1) 制作树木：树木分为抽象形和具象形。具象的树木可以买成品。抽象的树木可以做成圆球物伞状、宝塔状等，可以用很细的铜丝拧成树干，再在上面洒上染色的细木屑，也可用天然的树枝来做，如纸团、细铁丝网、乒乓球都可以。

(2) 草地：可以选用草皮或草屑。如果用草皮，直接粘在基地表面即可；如果用草屑，就要事先在基地表面涂一层白乳胶，然后再把草屑均匀洒在有草的地方，等乳胶干了即可。

(3) 配景车：小汽车实际尺寸一般为4600mm × 1770mm × 1500mm，模型上按50mm或稍长一点去做。配景路灯、人、小景，可用标准成品进行配置，也可根据环境进行制作，可以不按整体比例关系进行制作。

5.6.5 对齐边缘

要使整个作品看起来整齐洁净，边缘的对齐与否、精密构件的制作水平如何就至关重要。可以在制作中使用镊子处理精密的构件。镊子的自动弹开动作使得安放的构件不会受到扰动，同时镊子可以处理那些用刀子不能轻易刺穿的部件。

尽管使用钳子不像使用镊子那样能容易地释放物件，但是对于向外凸出的正安装，则使用尖嘴钳更方便，因为它可以产生稳定的夹力。把一个手指放在两个钳柄的中间，这样就可以轻轻地张开钳嘴来安放组件。

平面上对齐组件时，可以把三角尺放在墙的交汇处，用三角尺的边对齐部件。

对于垂直对齐，可以把部件靠在三角尺上，来保证部件与部件间的垂直对齐（图5.13）。

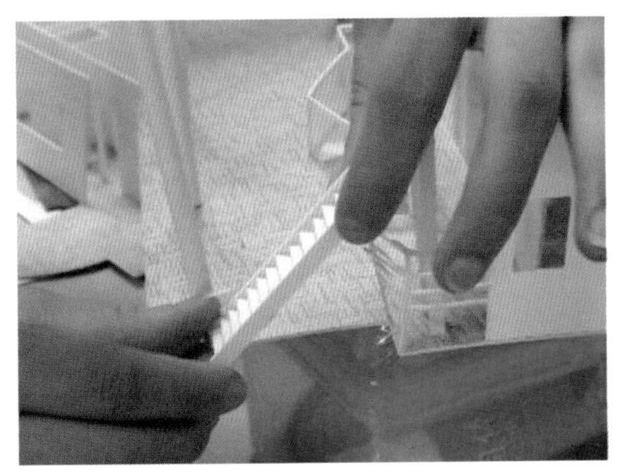

图 5.13　对齐边缘

5.7　学习方法与注意事项

5.7.1　学习方法

1. 尝试

在每一次模型制作中都尝试一种不同的手法，并且不要停止搜寻新的手法。像对待整个模型的关键部位一样对待每个单独的部件，尽量把它做得完美些。没有缺陷的部件才会组成没有缺陷的模型整体。

2. 多想

先决定想要的模型有什么样的外观，然后再寻找那样的模型或是做过此类模型的制作者。勤学好问，基本上任何问题都能解决。

3. 光线

在充足的光线下工作，但不要使用日光灯，它会使色彩失真。

4. 细查

在制作中不时停下来仔细细察，如果有不满意的地方，则及时修正。如果它不是你所想要的那样，则重新制作。

5. 借鉴

不要仅限于建筑模型，许多有用的手法也可以从其他的模型中借鉴，阅读尽可能多的模型制作文章，不断获取最新的方法和技巧。

6. 工具

明智地使用你的工具。用砂纸前尽可能多地切或锯掉多余的部分，先用粗砂纸，然后再换用较细的砂纸。

7. 检查

检查制作前列出的清单，看在制作过程中是否已逐项完成。

5.7.2 容易存在的问题

（1）比例不统一，尺寸换算错误，裁剪出来的构件不匹配。
（2）模型胶过多，弄脏模型；过少，导致粘不牢。
（3）502胶水过多腐蚀材质。
（4）形体组合错误，导致形体失真。
（5）遗漏某些构件，如门、窗、雨篷等。
（6）地形制作失真，不能完整地反映地形、地貌。

5.7.3 成果要求

1. 准确与精致

要保证模型的准确性，同时保证整洁，做工要精致。在卡纸上画构件边界时要轻，并尽量在背面画，以保证画面整洁。

2. 清洁

对于清洁工具，棉签和餐巾纸是必不可少的，尽量多用镊子（当然，不仅限于清洁时用，夹些小零件时也用得着）。

3. 环境表达

要有环境的设计与制作，可以适当地做一些儿童游乐设施，以渲染气氛。同时要做好绿化、配景等环境设计。

5.7.4 学生作品展示

1. 萨伏伊别墅模型（图5.14）

图 5.14 萨伏伊别墅模型

图 5.14　萨伏伊别墅模型（续）

2．4×4住宅模型（图5.15）

图 5.15　住宅模型

图 5.15　住宅模型（续）

3．玛利亚别墅模型（图5.16）

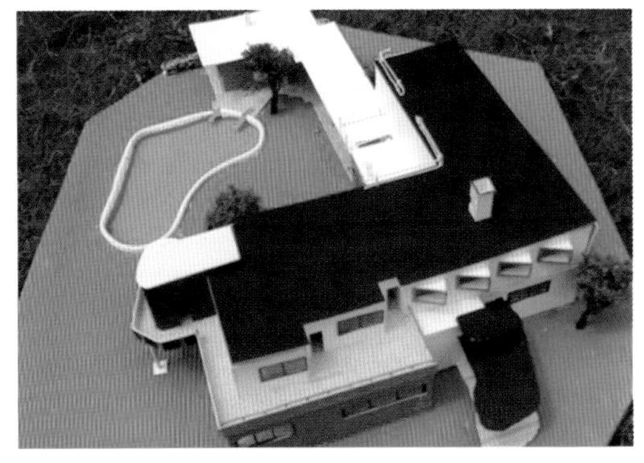
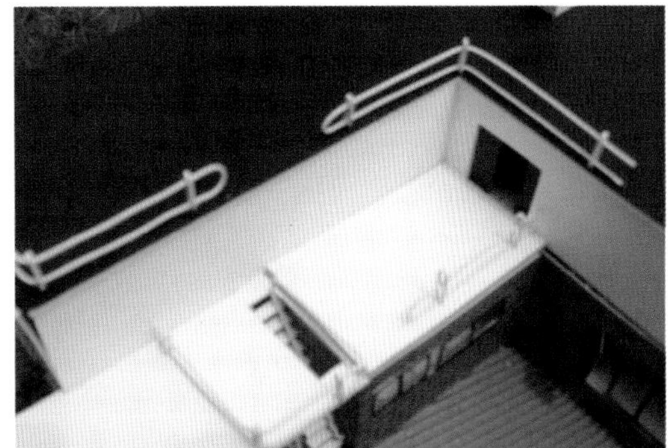

图 5.16　玛利亚别墅模型

4. 道格拉斯住宅模型（图5.17）

图 5.17　道格拉斯住宅模型

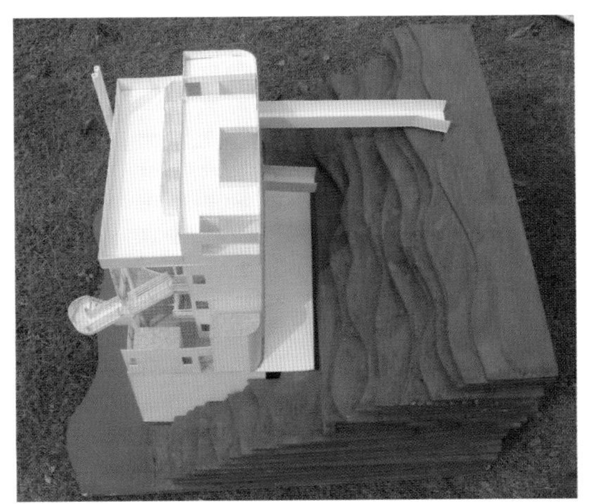

图 5.17　道格拉斯住宅模型（续）

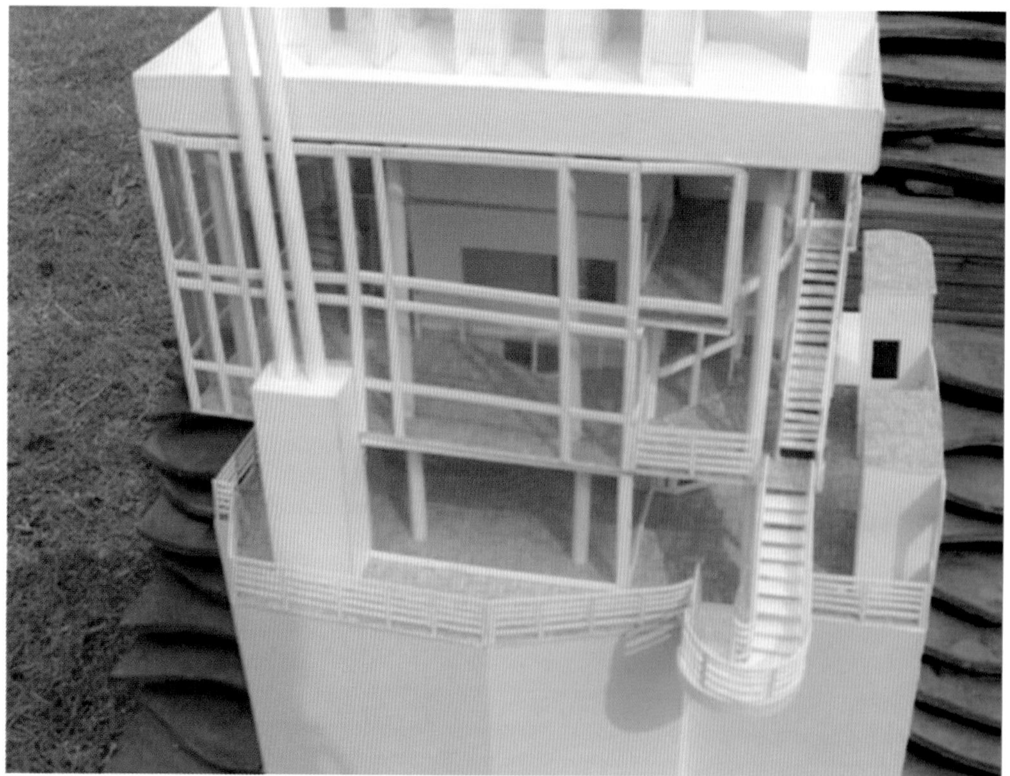

图 5.17　道格拉斯住宅模型（续）

本模块小结

模型作为直观表现设计概念的表达工具，在设计过程中起着重要的作用。本模块主要介绍了建筑模型的基本概念、作用、分类、制作步骤、细节处理得技巧和学习的方法与注意事项。细心、认真的品质素养和一定的团队合作精神，是完成优秀模型制作的重要保障。

【综合实训】

选取一个经典国内外建筑名作，依据建筑名作资料，制作建筑模型，比例1:100（比例也可根据所选作品的规模进行适当的调整），模型顶盖或是侧面的某一面墙体可移开以便观察内部空间。要有适当的环境表达，将专业、班级、姓名合理布置在底板上。

要求：

(1) 作品的选择要求有详尽的资料，如相关的背景资料，建筑各层平面图、立面图、剖面图、文字说明、室内外透视图或照片等。

(2) 材料准备，图板、美工刀、剪刀、铅笔、砂纸、橡皮、直尺、比例尺、模型卡纸、kt板（A2，一张）、模型胶、有机玻璃纸、草皮或草粉若干、一次性手套等。

模块

建筑方案设计方法入门

教学要求

通过建筑方案设计方法、步骤的讲解，教授学生如何进行建筑设计方案的构思、调整与完善，培养学生对建筑设计专业的热爱，使学生能独立进行建筑方案构思、修改及完善工作。

教学目标

能力目标	知识要点	权 重	自测分数
能进行方案设计的任务分析	设计任务书的内容、设计任务的分析从哪些方面入手	20%	
能进行方案的构思与选择	设计的步骤、平面组合的要求、空间布局的方式、体型组合的主要类型、建筑体型组合设计的原则	40%	
能进行方案的调整与深入	多方案构思的必要性与原则、多方案比较与选择的要点	40%	

引例

在一块用地上做一座八班的幼儿园出来，该如何构思？如何让人一看就知道这座建筑是幼儿园？如何吸引小朋友的目光，让小朋友爱上幼儿园？同样规模的幼儿园，换到另外的用地上，还能不能这样做？如果在这块地上做的不是幼儿园，而是博物馆，还能不能这样设计？从这些问题出发，本模块教给大家如何进行建筑方案的设计。

6.1 方案设计的任务分析

1．设计任务书

设计任务书一般是由建设单位或业主依据使用计划和意图提出。一个完整的设计任务书应该包括以下信息。

(1) 项目类型与名称，如住宅、商业、办公、文教、娱乐，建设规模与标准、使用内容及其面积分配等。从一个宏观的角度对建设项目有所了解。

(2) 用地概况描述及城市规划要求等。

(3) 投资规模、建设标准及设计进度等。

(4) 有些业主会把自己的一些想法在任务书当中体现出来，例如，有的业主希望建成西班牙风格；而有的业主喜欢田园风格；有的业主则希望自己的项目建成当地的标志性建筑等。

2．造价和经济技术要求

经济技术因素是指建设者所能提供用于建设的实际经济条件与可行的技术水平。它是确立建筑的档次质量、结构形式、材料应用及设备选择的决定性因素，是除功能环境之外影响建筑设计的第三大因素。因此，在设计前要分析业主的实际经济条件，量力而行，避免因资金不足而停工，导致烂尾楼等情况的出现。

3．现有条件的限制

新建筑的介入都会对城市或区域的环境带来某些改变。为了保证建筑场地与其他周围用地单位拥有共同的协调环境，并顾及各自利益，场地的开发和建筑设计必须遵守一定的“公共限制”。如我们下面会提到的幼儿园设计中新建建筑的出入口、建筑边界及建筑尺度都受到原有建筑的限制。

现有条件的限制包括：气候条件、地质条件、地形地貌、景观朝向、周边建筑、道路交通、城市方位、市政设施、污染状况等地段条件；城市性质规模、地方风貌特色等人文环境。

此外，还有城市规划设计条件，如限高、后退红线限定、建筑高度限定、日照间距限定、容积率限定、绿化率要求、停车量要求等。

4．收集资料

学习建筑设计有两种途径：一是“拿来主义”，即借鉴他人的优秀设计成果；二是“创造主义”，即自己构思创作。对于初学者来说，首先必须学会搜集并使用相关资料，学会如何学习并借鉴前人正反两个方面的实践经验和教训，了解并掌握相关规范制度。因为这既是避免走弯路、走回头路的有效方法，也是认识熟悉各类型建筑的最佳捷径。

资料的收集包括与本设计类型相同的实例资料，也包括一些规范性资料和优秀设计图文资料。通过学习其他建筑的总体布局、平面组织、流线组织、空间造型等来指导自己的设计。但是有一点要注意，优秀设计图文资料不应是用来抄袭的，而是用来分析研究的，分析它为何如此，有何特点，哪些地方可以借鉴等。

方案设计，除了收集、分析、比较同类建筑之外，还要做一些基本的工具性资料的收集工作，如旅馆的设计，要收集一些标准间的尺寸，桌子、床的尺寸，走道的宽度，卫生间的布局，房间的层高及各种规定等。

6.2 方案的构思与选择

6.2.1 方案立意

在前面提到的对设计要求、地段环境、经济因素和相关规范资料等重要内容进行系统、全面的分析研究之后，就应该着手做方案设计了，方案设计是整个建筑设计链中的第一环。它的任务是：依据设计条件提出试探性的设计目标与环境关系的分析，提出空间组织的水平方向和垂直方向的设想，确定结构方式、建筑形象的初步解决方法等，为以后几个阶段的工作提供依据，方案设计首先要有设计立意。

设计立意就相当于文章的主题构思，是方案设计的灵魂、原则和目标。好的设计是发挥想象力、不断进行创作构思的结果。设计立意对建筑方案设计相当重要，它包括基本和高级两个层次。基本层次是以设计任务书为依据，目的是为满足最基本的建筑功能、环境条件，是初学者常用的方法；高级层次则是在此基础上通过对设计对象深层意义的理解与把握，追求把设计推向一个更高的境界水平。对于初学者而言，设计立意应定位于基本层次。

图 6.1　流水别墅

立意应该“意在笔先”——这有赖于调查研究、建筑哲学思想、知识与经验、灵感与想象力等。具体设计时意在笔先固然好，但是一个较为成熟的构思，往往需要足够的信息量，有商讨和思考的时间，因此也可以边动笔边构思，即所谓“笔意同步”。在设计前期和出方案过程中使立意、构思逐步明确，但关键仍然是要有一个好的构思。许多著名建筑的创作在设计立意上给了我们很好的启示。例如流水别墅，它所立意追求的不是一般视觉上的美观或居住的舒适，而是将建筑融入自然，回归自然，谋求与大自然进行全方位对话的最高境界。在具体构思上从位置选择、布局经营到空间处理、造型设计，无不是围绕着这一立意展开（图6.1和图6.2）。

图 6.2　北京朝阳态思故事厅

6.2.2　方案构思——“先形式后功能”的方案构思方法

方案构思就是把第一阶段的分析研究成果转化为具体的建筑空间形态，在可行性的基础上围绕立意来进行。这是从理念到形象的转变过程。好的构思是建筑师对创作对象的环境、功能、形式、技术、经济等方面因素进行综合提炼的成果。在建筑设计中构思的好坏，直接影响整个设计的成败。

很多初学者抓不住构思的要点，感到无从开始。一是由于知识不足，表现为对建筑设计的条件、方法和原理等相关知识的缺乏，或错误理解。二是由于思路不对，找不到设计的着眼点。由于初学者往往“志向远大”“无知而无畏”，因此常常对设计的一般条件和基本限制因素看不到，或者不想看。那么什么才是行之有效的建筑方案设计方法？归纳起来大致可分为“先形式后功能”和“先功能后形式”两大类。

从建筑的体型到功能的方案构思，是把地形特征、富有个性特点的环境因素、在脑海里已有的建筑造型意向等因素作为构思的切入点与突破口，先构思体型再安排平面功能的设计方法。其重点是研究空间与造型，当确立一个比较满意的形体关系后，再反过来填充完善功能，并对体型进行相应的调整。要解决的问题首先从地形开始，接着就是解决建筑的功能和体量大小与地块形状、大小等的关系。这种方法的关键就是要“抓大”，各环节不要拘泥于细部，不要具体化，而应当是在对各种要求、条件娴熟地“化”在头脑中的基础上，着眼于大关系。

“先形式后功能”的设计方法有以下几种构思出发。

(1) 从地形出发，从地形的限制要素入手。在出自美籍华人建筑师贝聿铭之手的华盛顿美术馆东馆的方案构思中，地段环境尤其是地段形状起到了举足轻重的作用（图6.3）。该用地呈楔形，位于城市中心广场东西轴北侧，其楔底面对新古典式的国家美术馆老馆(该建筑的东西向对称轴贯穿新馆用地)。用地东望国会大厦，南临林荫广场，北面斜靠宾步法尼亚大道，附近多是古典风格的重要公共建筑。严谨对称的大环境与非规则的地段形状构成了尖锐的矛盾冲突。贝聿铭紧紧把握住地段形状这一突出的特点，选择了两个三角形拼合的布局形式，使新建筑与周边环境关系处理得天衣无缝。用一条对角线把梯形分成两个三角形。西北部面积较大，是等腰三角形，底边朝西馆。建筑平面形状与用地轮廓呈平行对应关系，形成建筑与地段环境的最直接有力的呼应；同时，将等腰三角形(两个三角形中的主体)与老馆置于同一轴线之上，并在其间设一过渡性圆形雕塑广场，从而确立了新老建筑之间的真正对话。由此而产生的雕塑般有力的体块形象、简洁明快的虚实变化使该建筑富有鲜明个性和浓郁的时代感。

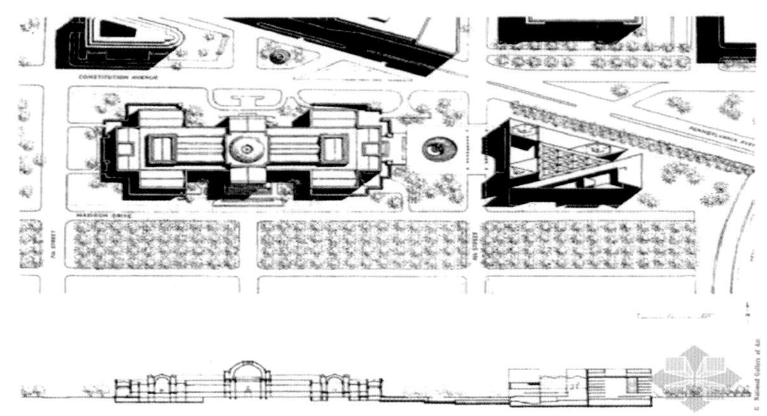

图 6.3　华盛顿国家美术馆东馆

(2) 结构构思，即对建筑支撑体系“骨架”的思考过程，使其与建筑功能、建筑经济、建筑艺术等诸方面的要求结合起来。尤其是现代建筑设计中，在需要覆盖较大空间的体育类、观演类、展览类等公共建筑中，都已成为重要的构思方法之一（图6.4和图6.5）。

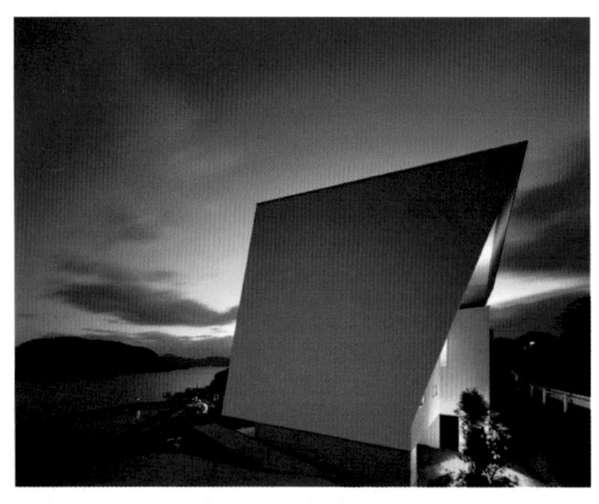

图 6.4　日本 I-house 水平线之家

图 6.5　西班牙 Carbauo 媒体中心

富有个性特点的环境因素如景观朝向、道路交通等均可成为方案构思的启发点和切入点。通过熟悉地形(包括地形、形状、大小、朝向、交通及周围环境条件等)，渐渐形成粗略的设计轮廓。依据具体环境特点按一定的功能关系粗略地勾勒出建筑形态。然后在意向性草图的基础上逐步细化而确定建筑平面，同时进行空间形态和造型设计。典型的例子就是悉尼歌剧院的设计（图6.6）。悉尼歌剧院坐落在蔚蓝的海水和皇家公园宁静的草地森林之间，在蓝天碧海绿树的衬映下婀娜多姿、轻盈皎洁，它外形为巨大的贝壳造型，高低不一的尖顶壳依次排列，其蓝色与白色的搭配简约素雅，将纯洁演绎到了极致，而坚毅的建筑与柔美的海浪又构成了一幅动感十足、美不胜收的立体画面。既像是几叶即将乘风出海的白色风帆，又像是一簇簇雪白娇艳的花朵盛开在湛蓝的天空下，气度雍容华贵，与周围的海洋景色相映成趣，给人的感觉既壮观又精致，既气象万千又微妙细腻。建筑师把实际生活中一组组船帆飘动的港口风景定格化，由此建立起设计意象，从而获得栩栩如生的建筑形象，成为悉尼城市乃至澳大利亚的形象标志。

图 6.6　悉尼歌剧院

(3) 艺术、哲学构思，即以哲学、艺术主题为构思出发点，使一座看似平常的建筑物蕴含深层的哲理。该构思方法通常用于纪念性及标志性建筑等，特别是对于标题竞赛或具有特殊性格的建筑设计，往往可产生一种突破性的设计方案。孟德尔松在波兹坦设计的爱因斯坦天文台就采用了这种构思方法（图6.7）。孟德尔松针对设计主题首先形成了一个基本意向，它表现了整个设计背后的理念，迅速地描绘出那座瞭望塔的外形。

图 6.7　爱因斯坦天文台

特别提示

此方法易于发挥个人的想象力与创造力，创造出有新意的空间、体量造型，但后期的“填充”“调整”难度很大。因此，该方法比较适合于功能简单、规模不大、造型要求高的建筑类型。它要求设计者具有相当的设计功底和娴熟的设计技巧，初学者一般不宜采用。

6.2.3 方案构思——“先功能后形式”的方案构思方法

建筑物是为满足人们一种或多种使用功能服务的，因此，从建筑物的使用功能出发进行建筑设计构思是一种比较直接的方式。它的基本特点就是事先没有确定“形式”，而是由功能关系和基地形态入手。首先了解设计对象的性质、内容、要求，然后踏勘基地及分析基地图，在此基础上对建筑做功能分析，并绘制功能关系图。把这个关系图置于基地，根据基地的形状、朝向、周围环境等要素，做出可能出现的几种总平面形状，从这几种功能分析和单元组合中，择优选定，遵循从大到小的原则，由“粗线条”到“细节部分”一步一步地深入，逐渐推出“形式”。如北京鸟巢体育馆，出于其功能上对大空间的需要，以及观众观看比赛视线集中的要求，最终形成了近似圆形的多边形外部形态，建筑的功能十分鲜明，实现了功能与形态的完美结合（图6.8）。

图 6.8 北京鸟巢体育馆

“先功能后形式”这种设计方法是从平面设计入手，而且以平面设计为主。这是因为建筑形态虽是立体的，但是上下之间的变化不及水平面上的变化多，所以，这种立体可以先有平面，然后由平面生成立面、体量，即先平面后立面、体量。抓住了平面形态就抓住了设计的大部分。此方法对初学者来说易于掌握，但是由于空间形象设计处于滞后的、被动的位置，可能会在一定程度上制约建筑师对建筑形象的创造性发挥。

特别提示

注意：如果过于重视功能，建筑易于单调与简单化。

“先功能后形式”的设计方法是初学者常采用的设计方法，具体的设计方法如下。

1．场地设计

1）分析基地，了解用地

设计者首先要了解建筑的基地在设计中有些什么要素，并进一步处理这些因素。从大关系上入手，首先要思考的是基地的形态。基地的形态对总平面设计的影响很大，直接关系到建筑平面布局、外轮廓形状和尺寸。此外，建筑的平面形状、竖向设计等也应根据基地的形态来思考。例如，比较规则的基地，建筑的总平面布置就会比较灵活，可以自由发挥；如果基地形态不规则，则在设计时就要受到更多的限制。如当平面上用地有一斜边时，建筑沿斜边的平面形式可能与斜边平行，也可能采用锯齿状；当用地在竖向上是坡地时，建筑设计可以顺应地形采用错层设计，以与地形相适应（图6.9）。

图 6.9　北京中信金陵酒店

2）确定出入口及建筑与基地的关系

特别提示

对基地的分析只是给设计师提供一个设计的限定，设计师要在基地这些条件的约束中完成设计。

场地设计是一个把握全局性的问题，是建筑布局的关键，包括出入口的确定和场地规划。场地设计必须坚持从整体到局部、逐次递进的设计思维过程。

(1) 场地出入口位置和数量的确定。场地出入口是外部空间进入场地的通道，场地的入口一般应迎合各主要人流方向，从这一主要原则出发，可以对场地周边情况采取"排除法"来确定主要出入口的大致方位，同时也应顾及内部功能的合理要求和城市规划的要求，并与周边环境因素相统一、协调（图6.10）。如出入口的位置可以通过与周边道路、其他出入口发生某种有机联系（如对位关系）得到合理的位置定位。这样不但可以迎合人流，而且大门可成为道路或其他出入口的对景，从而建立起密切的对话关系，使新建建筑融入环境中去。但是同时要注意城市规划要求的限定，应尽量远离城市交通中的十字路口地段。只有内外条件同时得到满足，场地出入口的确定才能被认可。

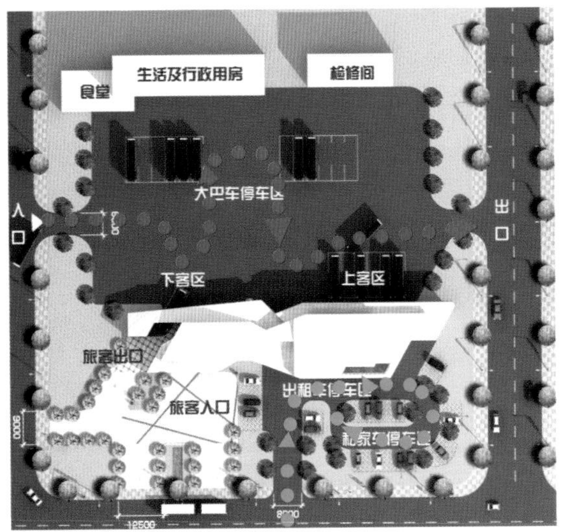

图 6.10　汽车站场地设计（红虚线—公共汽车，绿虚线—出租车和私家车）

再如图6.11所示某幼儿园的设计，其场地处西面与小学毗邻，东面隔街为旅馆，南面隔街为住宅区。用地处于Y字形交叉路口。其主要出入口究竟位于哪里比较合适呢？

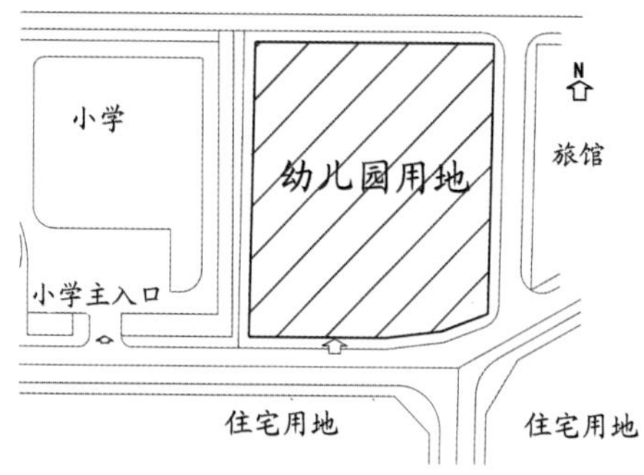

图 6.11　幼儿园场地主要出入口的确定

此时，只要对入托人流进行分析就可得出正确判断。通过分析周围的用地情况，我们可以看出，入托幼儿的人流主要来自场地南面道路的东西两个方向。南边界是唯一可以考虑设置主要出入口的范围。但具体设在哪一点上，则要从其他因素进一步考虑。例如，为避免与小学的学生人流太接近，产生互相干扰，故将幼儿园的主入口远离此入口。东端接近Y字路口，人流复杂，故也要远离。这样，可以设置主要出入口的范围基本上就确定了。

当然，对于更为复杂的人流和交通情况运用这种“排除法”选择出入口尤为必要。但是，在实际设计操作上我们要通过敏锐的观察、积极的思维、正确的判断，使这种思考过程能迅速在脑海中闪现，甚至从主要人流的动线分析上能立即把握它与场地哪条边界发生密切关系，从而判断出入口的位置。

入口位置选择方法并不是孤立的思考，而是一个综合分析的过程。有时会发现它们之间并不能同时得到满足，此时，设计者就要抓住主要矛盾，要抓住需要优先解决的问题，设计的复杂性也由此开始。

特别提示

此外，除了主要出入口，一般的场地设计都需要至少还设一个次入口，辅助使用或者作特殊时期使用。因此，还需要在场地上设置一个次入口。具体请参考《民用建筑设计通则》(GB 50352—2005)。

(2) 场地规划，是进行建筑方案设计之前先要解决的问题。根据用地面积与建筑面积的比较，按照合理的容积率，兼顾对建筑层数的预想，估算出建筑的首层面积。这时，建筑物在设计师的头脑中还只是一个具有粗略面积概念的图块，下一步就是如何将这个图块安排在场地上，即场地规划，确定建筑物与总平面的关系，设计的时候要从外界环境的限定和场地周围交通等情况考虑，既使建筑融入环境中，产生和谐的群体关系，又能满足建筑通风、采光、防噪声等使用要求，同时还要考虑建筑规范的要求。建筑大概占地面积多少，位于总平面的什么位置上，场地内道路如何布置，在这一步都应该有个粗略的意向，做到心中有数，并且要与基地条件(入口位置、边界状况等)发生密切关系。

比如幼儿园设计建筑面积要求1200m^2，如果设计为2层，则建筑的占地面积为每层600m^2，这时，场地规划的任务就是这600m^{2}与基地的关系如何处理。

场地设计是建筑方案设计的重要前提，只有确定了建筑物（“图”）与室外场地（“底”）两大部分的占地面积分配、相互间的空间位置及相互布局关系的框架之后，才能进入对单体设计的考虑。此时，方案设计才开始进入实质性探讨阶段。

当然，只是确定了建筑物的大概意向是不够的，因为建筑的使用功能不仅仅是在室内空间中实现的，还需要有足够的室外场地。例如，学校类建筑必须考虑设置学生室外活动场地，包括运动场、游戏场等；交通类建筑必须留有站前广场、停车场等。另外，建筑密度要求及后退红线的规定、消防、日照、通风、采光等技术条件，也要求有必要室外空间。室外场地面积大概多少，位置如何安排等，在这一步应该同时考虑。

2. 建筑平面设计

> **特别提示**
>
> 各地规划部门对建筑日照间距的要求有不同的规定。建筑规范中对场地设计时的道路设计做了具体的要求，参考《民用建筑设计通则》（GB 50352—2005）。

虽然建筑是一个三维向量的产物，不应该也不可能单一谈论一个局部，但是平面设计的合理与否直接关系到建筑的使用性能。因此建筑的平面设计是解决绝大部分建筑功能的一个重要环节，建筑单体的生成应从建筑的平面布局入手。一个优秀的平面设计，可以从以下几个方面来得到。

1）合理的功能分区

> **特别提示**
>
> 在这里要特别指出的是，功能分区要尽量概括，数量不宜过多，以利于后面设计的进行，否则起不到应有的作用。

一幢建筑物会有很多功能，这就需要在做平面设计之前进行功能分区。功能分区，是指在把握场地大关系的基础上，将设计任务书中罗列的若干房间进行分类归纳，根据使用性质的差异（主要使用部分还是次要使用部分）、使用者的不同、对环境要求是否一致（动静要求）等方面，将空间分为若干组，使之分区明确。功能分区是空间布局的重要前提。如幼儿园建筑，通过分析，从满足幼儿园建筑的功能要求和环境条件考虑可以将幼儿园建筑的若干房间归纳为儿童活动用房部分、行政办公用房部分和后勤管理用房部分这三大功能分区；图书馆建筑设计中的众多房间可以归纳为借阅部分、藏书部分和管理部分；中小学建筑设计中的若干房间可以归纳为教学部分、办公部分和后勤部分；餐饮建筑分为就餐部分、备餐部分和管理部分等，这样为方案生成建立一个合理的总体框架（图6.12）。在完成上述步骤后，我们对要设计的对象已有了一个比较系统全面的了解与梳理，并得出了一些原则性的结论，在此基础上便可以开始平面布局了。

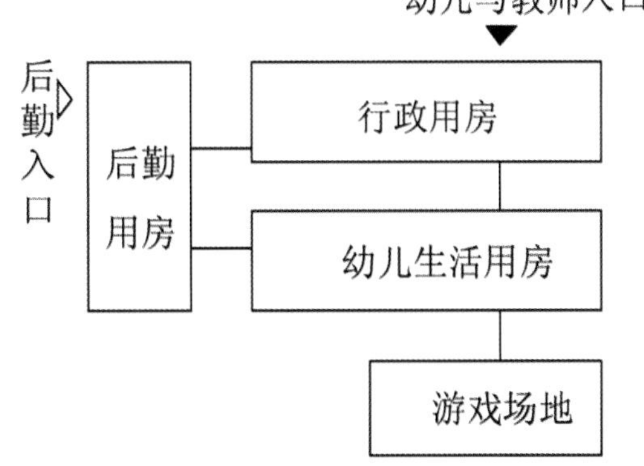

图 6.12　幼儿园功能分区

2）平面的组合设计方法（泡泡图法）

一幢建筑是由许多空间组合而成的。这些空间相互联系，相互影响，关系密切。因此，必须根据各个空间相互之间的关系，将所有空间都安排在适当的位置，在功能区之间形成合理的使用流线，再通过细胞裂变的方法深入细化，从整体到局部将各个房间安排妥当，才能形成一幢完整的建筑。

平面组合设计的任务是：将建筑平面中的使用部分、交通联系部分有机地联系起来，使之成为一个使用方便、结构合理、体型简洁、构图完整、造价经济、与环境相协调的建筑物。

各功能分区不同的使用性质和使用要求，以及功能分区之间相互联系与隔离的不同要求等是影响平面组合设计的主要因素，而流线安排的合理与否，是方案设计合理与否的最重要评判标准之一。因此在设计中，可以从各功能分区的“主次关系”“内外关系”和

“联系与分隔”等角度分析，以使用者的活动流线作为线索，找出各功能分区之间的关系，并与主出入口的位置、场地规划统一起来考虑，将各功能分区连接起来。只有将各因素统一起来构思，才有可能得到比较合理的设计方案。

比如我们对公共建筑进行设计的时候，常常从使用人员的使用流线之间的关系、密集人群的安全设计、个体私密性等问题出发进行平面功能的组合，以提供一个开放、安全、稳定、有亲和力的空间。而这些处理在大多数情况下建筑师在分析平面功能关系时必须全面考虑。

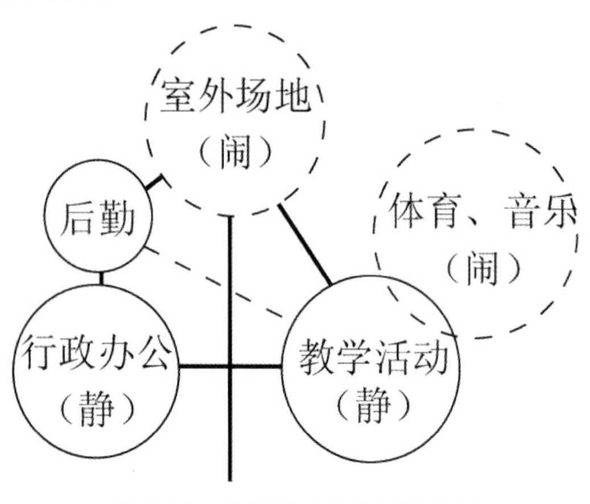

图 6.13 教学楼功能分析泡泡图

当每个房间的位置、尺度与其他空间的关系大致确定以后，建筑单体的形态在建筑师脑海中就确立了。我们可以用“泡泡图”这一图示语言来表现各分区的组织。它是在创作早期，推敲建筑各部分功能关系时常用的方法。在这里“泡泡”就是房间的代言，其应该具备房间除面积之外的一切信息。所谓的泡泡图是指把各种功能用房表示成未成形态的圆圈。用线将它们的相互关系表示出来。用箭头表示房间的次序关系，线的粗细表示相互联系的紧密程度（图6.13）。

特别提示

功能分析泡泡图由大组块向具体房间细分，这种设计手法是由全局向细节逐步深化思考的，可以避免因房间众多一上来就陷入对个别房间的思考，而使功能布局出现失控或紊乱的现象。因此，泡泡图分析法是初学者应该重点掌握的设计方法。

3）平面的组合设计要处理三种关系

(1) 主次关系。组成建筑物的各房间，按使用性质及重要性，必然存在着主次之分。在平面组合时应分清主次、合理安排。要通过分析找出建筑的主要功能区和对应的主要使用者，根据主要使用者的活动流线优先安排相关空间。其他房间要围绕主要房间的中心位置进行设计。主与次的差别反映在位置、朝向、通风采光条件和交通联系等问题的解决上，平面组合中，一般是将主要使用房间安排在显要的位置，靠近主要出入口，并有良好的朝向、采光、通风条件，次要房间可布置在条件较差的次要位置。例如在幼儿园建筑中，儿童活动空间是主要的使用空间，应居于主要位置，办公管理用房次之，后勤用房再次之。我们在构思的时候，就应该根据儿童活动的流线来优先安排儿童活动用房，围绕它，再做办公管理用房和后勤用房的安排，做到功能分区之间和各功能分区内部流线简捷，互不干扰。

有时候某些次要使用空间在使用上位于人流活动的起始位置，这就要结合人活动流线的需要，将其安排在显眼的位置。如在影剧院建筑中，售票处虽然不是主要使用空间，但是在流线上它应该位于明显、靠近主入口的位置。如果把它安排到对内的或者不显眼的位置，则要造成使用和管理上的混乱（图6.14）。

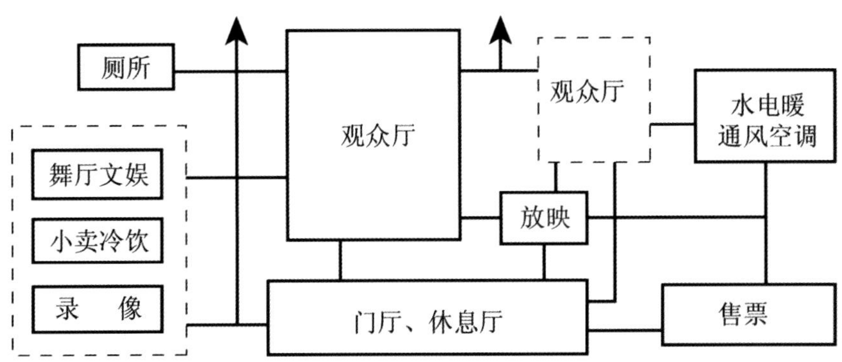

图 6.14　电影院布局中，把售票厅放在主入口附近

(2) 内外关系。各类建筑的组成房间中，有的对外联系密切，直接为公众服务；有的对内关系密切，供内部使用。因此，按照人流活动顺序的需要，一般是将对外联系密切的房间布置在交通枢纽附近，位置明显便于直接对外，而将对内性强的房间布置在较隐蔽的位置。做到内部使用和对外服务部分既联系方便，又不可相互混杂，避免相互影响，例如对于餐饮建筑而言，就餐部分是对外的，人流量大，应布置在交通方便、景观、朝向较好、位置明显处，而对内性强的管理用房、厨房等部分，则布置在后部，次入口面向内院较隐蔽的地方（图6.15）。

(3) 联系与分隔。构成建筑平面的各类房间，其使用功能各异，使用特点和要求也不尽相同。在分析功能关系时，常根据房间的使用性质，如“闹”与“静”、“清”与“污”、“干”与“湿”等方面进行功能性质分析，不同使用性质的空间之间，有的要求联系紧密；有的要求适当隔离；有的要求必须完全隔离。在组织平面的时候将这些功能性质考虑进去，使其既分隔而互不干扰，又满足联系与隔离的需要。尽量做到每个功能分区的使用者在流线上的简洁化，解决好各项活动进行时相互干扰的隔绝问题，如宾馆楼中的接待厅、售卖区、餐饮、健身等房间与客房，它们之间联系密切，但为防止声音干扰，必须适当隔开（图6.16）。

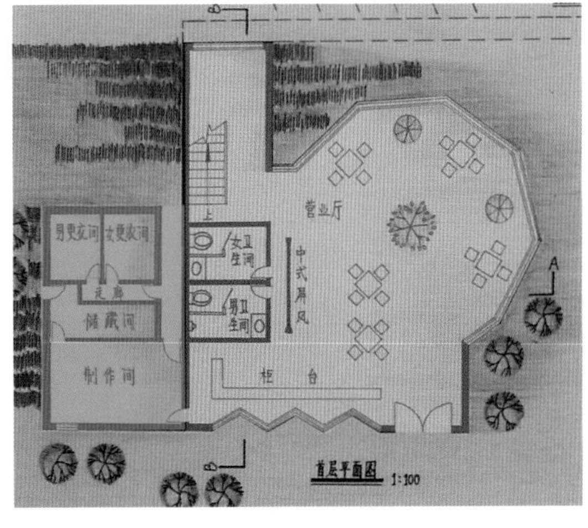

图 6.15　茶室设计（蓝色对内，黄色对外）

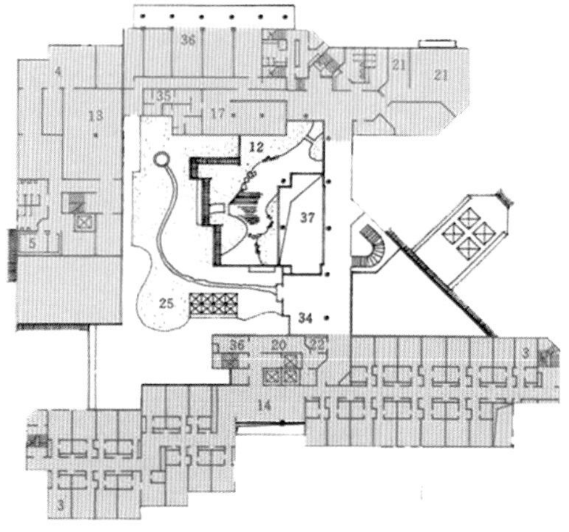

图 6.16　上海园林宾馆（蓝色静区，橘色动区）

4）交通流线

建筑设计的意义不在于生活的容纳，而是在于生活的切实安排，必须使平面布局具有良好的条理性和秩序感，才能有良好的体量组合，从而创造出宜人的空间。因此，交通流线的合理与否，是设计成败的重要评价标准之一。

各种角色的使用者在建筑中的活动流线是不相同的。例如，在图书馆建筑中，流线可以分为读者流线、工作人员流线和货物（书籍）流线三种；幼儿园建筑中的流线可以分为儿童活动流线、管理人员活动流线和后勤人员活动流线。因此，在设计中需要理顺每组不同的流线，分别加以组织引导，尽量做到各自独立不干扰。

在各功能分区内部的深入设计中，可以把使用流线作为房间布局的线索，按照使用者活动的顺序，安排各功能分区的位置。例如，在门诊中就诊顺序为挂号—候诊—诊断—辅助医疗—取药；在影剧院建筑中可以按照主要使用者观众的使用流程（购票—观看—退场），来合理安排平面布局。设计中必须明确区分各功能空间人流路线特点，通过流线设计组织空间，做到流线组织明确，既要使各种交通流线简捷、通畅，不迂回逆行，又要避免相互干扰，给使用者创造一个方便、合理地使用空间，从而达到合理组织不同功能区域的目的（图6.17）。

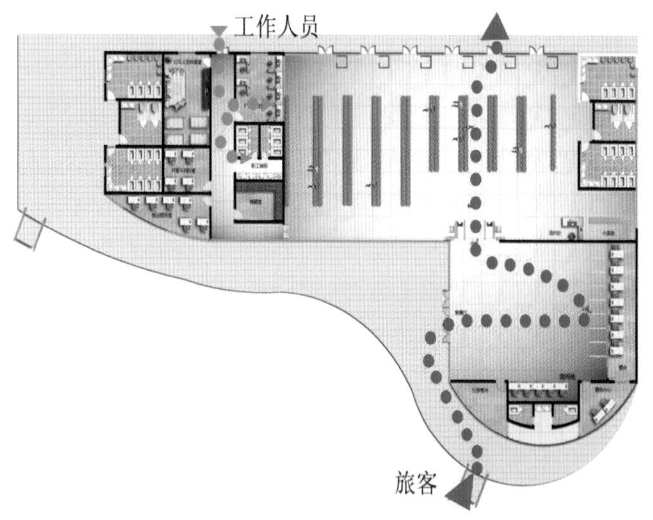

图 6.17　汽车站站房平面设计中的流线组织

以上只是在大的功能分区的基础上做的大关系的把握与安排，为方案的发展提供了一个框架，而各区域中若干房间的安排也有一个自身合理的布局问题，并不是随意加以填塞的。这就需要在确定了大的功能分区的布局之后，分别深入每个分区内部，将各房间内容合理地安排到各自的功能分区中去，再通过如上的思考，继续细化功能布局，对同一功能区域内的若干房间进行布局，在反复推敲中协调安排房间。例如，图书馆建筑的管理部分位置确定好之后，再确定管理部分中的业务办公与行政办公两大部分的相互位置，前者应靠近书库区，后者应接近读者区。这两大部分确定了再接着细分下去，业务办公的各房间应根据书的流程安排顺序位置，而行政办公的各房间又分对外联系与内部办公两区域进行合理安排。再如，幼儿园建筑的行政部分，其若干房间又可分为对外联系部分和对内联系部分，前者如传达、接待、会计等，而后者如教师办公、园长、会议、教具制作等

(图6.18)。在安排各房间的时候，既要符合流线的需要，又要兼顾内外关系。如果按一层设计，则对外联系部分的房间应接近入口门厅附近，对内联系部分的房间应与幼儿活动部分紧密相连。如果两部分是分层设计，则对外联系部分应设置在底层，对内联系部分可安排在二层。

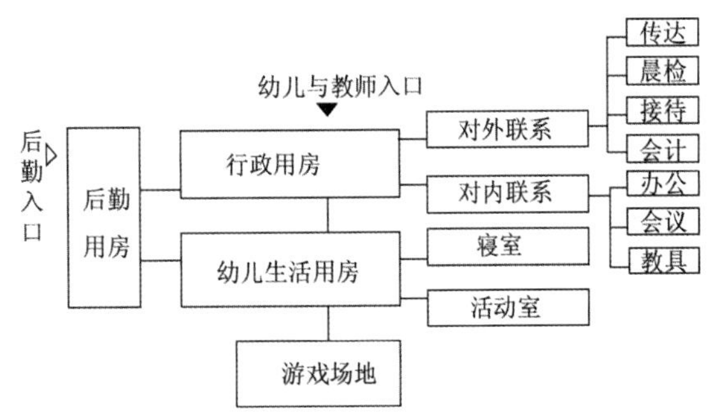

图 6.18　幼儿园功能分区细化

需要说明的是，以上几条原则并不是单独存在的，在设计的时候必须把以上几点综合起来考虑，要做到顾全整体，统筹兼顾。此外，某些具有特殊功能空间或统帅性功能空间（如门厅），可以作为功能分区布局的着手点。如多功能厅，要求有直接对外的出入口，且层高相对来说比其他房间要高，这就决定了在平面组织中需要对它特殊考虑。门厅与大部分功能分区都有密切联系，其位置影响着交通方式的组织，因此可以作为思考的切入点，再在此基础上生成其他功能分区的布局（图6.19）。

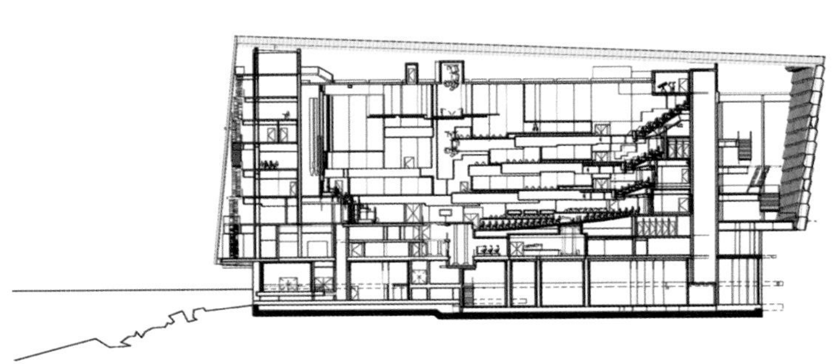

图 6.19　冰岛哈帕音乐厅门厅与剖面

在很多建筑中，不可能将所有房间都置于底层。对于规模大、房间多、功能复杂的建筑，就要在归纳功能分区体块的同时，将必须处于底层的房间归纳列出，将可以叠加的房间整理出来，在组织泡泡图的时候标出它们之间的这种叠加关系，再进行如上述的方案生成过程。

5）将泡泡图转化为量化的初步框图

余下的工作就是如何由抽象的功能分析泡泡图向量化的平面设计转换，将功能关系图式由无面积限量的逻辑关系图式转化为具有具体面积限量关系的初步图面。用简练的造型语言将设计表达出来，将形体组合得统一、美观。当然建筑设计不可能简单到把泡泡变成长方体、球体、锥体就可以，形体要适应地形环境，符合建筑性格，满足建筑师的造型设想。这要求建筑师从构思泡泡之初就要考虑各种因素的制约。

由泡泡图发展而来的方案，可能会出现房间在面积和形状上规格过多，这将给结构布局和立面设计带来不利因素。例如图6.20所示为B～J轴线过密，导致结构复杂。此时，需要通过确定合理的结构方案，尽量简化结构的类型，做到简洁、规整。具体方法为：依据面积要求，以及各房间自身使用上对空间形态及尺寸的要求，通过选择合理的结构方案，即通过轴线的模数化调整房间的面积和形状(而不是重新调整房间的平面布局)；同时要调整基本功能(如采光、通风、楼梯、走道、室内外关系等)及空间的秩序，使之符合一定的模数和结构逻辑，也为以后的立面设计提供良好的基础。通过调整，将位于同一条延长线附近的轴线对齐，尽量简化轴网，也以此检验上下层平面结构是否对位（图6.21）。在调整的过程中同时还要注意符合建筑规范中的尺寸要求。如对于卫生间的尺寸设计，规范中的要求（图6.22）。这个阶段各房间的布置一定要在面积概念的基础上进行。初学者容易脱离面积进行布置，这样容易在后来调整面积的时候，导致原有的布局改动很大，甚至出现面目全非的情况，使前面的工作变成无用功，浪费时间。所以，在从泡泡图到框图的转化过程中，一开始就要有面积的概念，对节约时间、少走弯路很有必要。

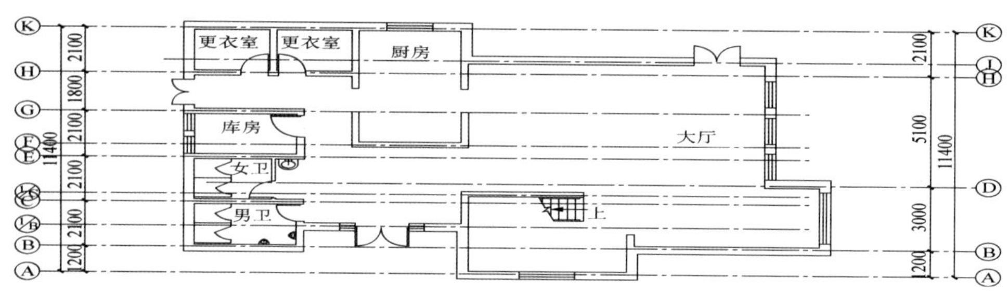

图 6.20　不正确的横向轴线布置案例

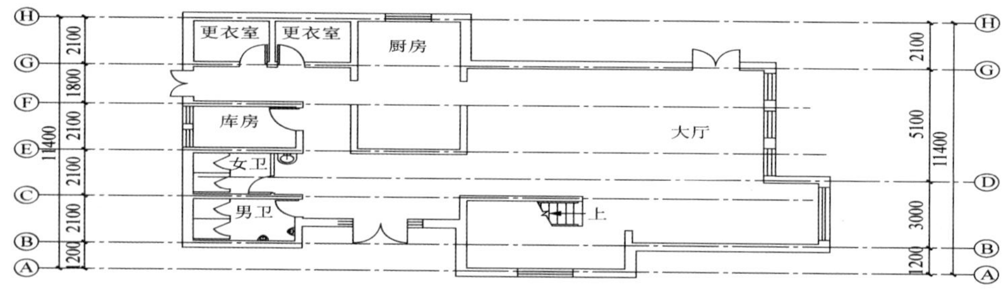

图 6.21　上图经过调整后的横向轴线布置

厕所和浴室隔间平面尺寸

类　　别	平面尺寸（宽度 m×深度 m）
外开门的厕所隔间	0.90×1.20
内开门的厕所隔间	0.90×1.40
医院患者专用厕所隔间	1.10×1.40
无障碍厕所隔间	1.40×1.80（改建用 1.00×2.00）
外开门淋浴隔间	1.00×1.20
内设更衣凳的淋浴隔间	1.00×（1.00+0.60）
无障碍专用浴室隔间	盆浴（门扇向外开启）2.00×2.25 淋浴（门扇向外开启）1.50×2.35

图 6.22　《民用建筑设计通则》(GB 50352—2005) 第 6.5.2 条规定

6）明确的交通联系空间

交通联系空间不仅是建筑总体空间的一个重要组成部分，而且是将各空间组合起来的重要手段。交通联系空间一般包括走廊、门厅、过厅等水平交通空间，楼梯、电梯、自动扶梯、坡道等垂直交通空间，习惯统称为交通系统。

特别提示

在开始的时候按面积要求做出方案构思是必需的，所有的房间要在面积的基础上探讨彼此之间的相互关系。只有这样，设计的构思才能被“检验”，也才能对建筑平面的组合有所把握，继而对建筑的形体的走向有所把握。

另外要注意：在调整方案的时候，基地的环境条件应该始终处于统领的位置，平面布局要在满足基地要求的前提下进行，所以要把方案图放在总图里进行调整、布局。

(1) 平交通空间，是专供水平交通联系的狭长空间。有的水平交通空间也可能兼有其他用途，如教学楼走道兼作学生课间休息场所，门诊部走道兼候诊等。商场、陈列馆等建筑，由于空间多采取串联式组合，也可能没有明显的走道。走道的宽度主要根据人流通行、安全疏散、防火规范、走道性质、空间感受来综合考虑。走廊一般应具备天然采光和自然通风的条件。门厅、过厅、中庭、出入口等是人流集散、方向转换、空间过渡与衔接的场所，因而在建筑空间组合中占有重要地位（图6.23和图6.24）。

图 6.23　北京朝阳态思故事厅的走廊兼作展览空间

图 6.24　美国俄亥俄州罗瑞恩县社区学院的走廊兼作学习空间

(2) 垂直交通空间，指楼梯、电梯、自动扶梯和坡道等，是沟通不同标高上各使用空间的空间形式。垂直交通体系的位置大致上有以下3种布置手法。

①入口处，起到分流的作用，同时比较醒目，易于被发现（图6.25）。

②起统领作用的空间，如活动中心，这类空间人流量大，各种人流在这里交汇，在这里安排垂直交通易于疏散人流，方便各功能区之间的联系（图6.26）。

③走道尽端，这主要是满足消防疏散的要求，同时也方便走道尽端使用者平时的使用。

图 6.25　哥伦比亚波哥大克里克莱克酒店

图 6.26　美国俄亥俄州罗瑞恩县社区学院

3. 建筑体型与立面设计

特别提示

楼梯的数量要满足消防疏散要求。

上述方案研究过程仅仅从平面入手，但建筑是三维空间的向量，从功能泡泡图转换成平面布局图形后，还必须把平面放到场地环境中调整平面布局，由平面布局图形转换成空间布局，才是一个完整的建筑设计过程。即平面内容与体型形式是否有机结合，是平面布局能否成立的前提。所以在构思平面的时候，还要兼顾对建筑体型的思考。

图 6.27　哥伦比亚波哥大克里克莱克酒店

建筑体型及立面设计，是在内部空间及功能合理的基础上，在技术经济条件的制约下，考虑其所处地理环境以及规划等方面的因素，对外部形象从总的体型到各个立面及细部，按照一定的美学规律，以求得完美的建筑形象的设计过程。体型设计反映了建筑物总体的体量大小、组合方式及比例尺度等。立面设计反映了建筑物的门窗组织、比例与尺度、入口及细部处理、装饰与色彩等。体型和立面是建筑相互联系不可分割的两个方面。只有将两者作为一个有机的整体统一考虑，才能获得完美的建筑形象（图6.27和图6.28）。

图 6.28　加拿大魁北克 Monique-Corriveau 图书馆

1）影响建筑体型和立面设计的因素

(1) 建筑内部空间，建筑内部空间与外部形体是相互制约不可分割的两个方面，所以也自然产生出不同类型的建筑物。建筑的外部形象设计应尽量反映室内空间的要求，并充分表现建筑物的不同性格特征，达到形式与内容的辩证统一。

(2) 城市规划及环境条件，任何建筑都必定坐落在一定的基地环境之中，要处理得协调统一，与环境融合一体，就必须和环境保持密切的联系。所以建筑基地的地形、地质、气候、方位、朝向、形状、大小、道路、绿化及原有建筑群的关系等，都对建筑外部形象有极大影响。位于自然环境中的建筑要因地制宜，结合地形起伏变化使建筑高低错落、层次分明，并与环境融为一体。

2）建筑体型组合设计的原则

(1) 完整均衡、比例恰当，建筑体型的组合。首先要求完整均衡。这对较为简单的几何形体和对称的体型，通常比较容易达到。而对于较为复杂的不对称体型，为了达到均衡的效果，需要注意各组成部分体量的大小比例关系，使各部分的组合协调一致、有机联系，在不对称中取得均衡（图6.29）。

图 6.29　土耳其 Yalikavak 综合体

(2) 主次分明、交接明确，建筑体型的组合，还需要处理好各组成部分的连接关系，尽可能做到主次分明、交接明确。建筑物有几个形体组合时，应突出主要形体，通常可以由各部分体量之间的大小、高低、宽窄，形状的对比，平面位置的前后，以及突出入口等手法来强调主体部分（图6.30）。

交接明确不仅是建筑造型的要求，同样也是房屋结构构造上的要求。建筑客房和餐厅部分体型组合的主次和体量、形状对比，使建筑物整体的造型既简洁又活泼，给人们以明快的感觉（图6.31）。

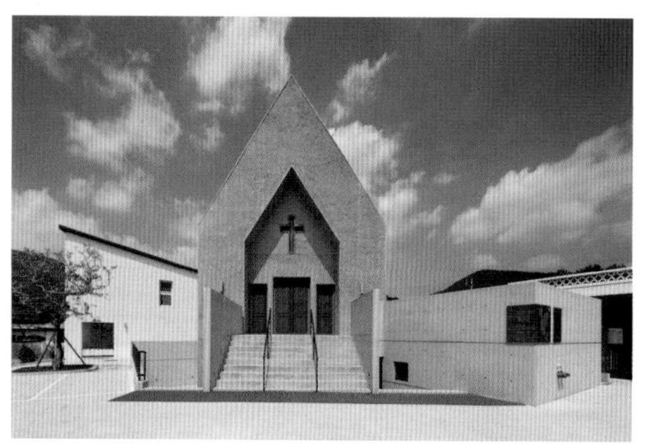

图 6.30　韩国蔚山 Inbo 天主教堂

图 6.31　南海博物馆

在许多情况下，设计是从平面内容入手，但体型构思已在设计者头脑中形成，平面设计实际上是在体型构思的控制下进行的。建筑设计的最终目标是为了良好的空间，由空间的安排而推敲出来的建筑平面才是一个有深度的建筑平面。因此，方案的生成不存在平面设计与空间设计绝对的先后关系，而在于两者互动，也就是两个不可分割的思维过程需要同时进行，无论在什么时候、什么阶段，平面、立面、外观造型、内部空间等都要平行推进，不可孤军深入，避免在开始的时候就纠缠于一些细枝末节，建筑设计的综合性和复杂性也在此体现。

当然，上述两种方法并非截然对立的，对于那些具有丰富经验的建筑师来说，两者甚至是难以区分的。当先从形式切入时，建筑师会时时注意以功能调节形式；而当首先着手于平面的功能研究时，则同时构想着可能的形式效果。最后，建筑师在两种方式的交替探索中找到一条完美的途径。

特别提示

图示思维进行到这一步，方案布局在平面中已初见雏形。这里说的建筑方案的布局，还只是从大的关系来考虑。这是一个基本前提。从大关系入手，把握整体性，是建筑师应该具备的重要技能。

6.3　多方案的构思

1. 多方案构思的必要性

解决功能布局的问题的方法不是唯一的，因此，在同样符合设计要求的前提下，可以有很多功能布局的安排方法，这就需要我们多做几个方案出来，进行比较，然后选出最合理的一个方案。

建筑设计与其他学科最大的区别之一就是问题没有唯一解，只能得到一个相对满意的答案。评价建筑设计方案的优劣不能用正确与否来衡量，只能看它是不是最合理的。设计方案构思形成后，应做出多个方案进行比较分析，并予以斟酌平衡，最后选出满意的方案。由于影响建筑设计的客观因素众多，侧重点不同就会产生不同的方案，所以多方案构思是建筑设计过程中由于思考的侧重点不同而产生的。方案构思是一个过程而不是目的，成果只有优劣层次的差别，是“相对意义”上的“最佳”方案，没有绝对的最好的方案。

特别提示

设计者在方案生成一开始就不能束缚住自己手脚，要放开思路，从多种可能性中抓住各不相同的设计特征去探索、比较每一个方案，而不拘泥于其中哪怕是很明显的缺点，不要急于去完善。这些不相同的设计特征可以表现为功能布局上的突出特点，也可以表现为空间处理上的独到之处。

2. 多方案构思的原则

1）提出差别尽可能大的方案

从多角度、方位来审视建设项目的本质，把握环境的特点，差异性可以保障方案间的可比较性；通过有意识、有目的地变换侧重点来实现在整体布局、形式组织及造型设计上的多样性与丰富性。每一个方案都不宜做得太深入，确定大局即可，以免陷入思维定式。

2）方案数量尽可能多

相当数量的方案可以保障科学选择所需要的足够空间范围。只有多做方案，把可能形成的方案进行比较，最后确定其中的一个或是综合成一个最理想的方案。

3）满足环境要求

任何方案的提出都必须是在满足功能与环境要求的基础之上的。这样方案才是有意义的。我们在设计时应随时否定那些不现实、不可取的构思，以避免精力的浪费。

3. 多方案构思的着手点

1）概念设计

从方案设计开始时，最好有多于两个的概念设计。所谓概念设计，就是非形象设计阶段的设计，主要是功能上的安排及主题上的确定。

什么是主题？如商业建筑，意在招徕顾客，或者是意在交代卖售何种物品，这就是它的主题。如果是纪念性建筑，主题就是纪念对象是什么、精神实质是什么等。同一类建筑设计，主题可以说是相近的，基础是相同的。在这个前提下，具体形象可以有不同，所以多种方案一般可以有多种造型（图6.32和图6.33）。

图 6.32　德国 Wilnsdorf 高速公路教堂

图 6.33　加拿大魁北克 Monique-Corriveau 图书馆

2）造型母题

造型母题是指构成学里所说的基本形，方、圆、三角、正多边形，可以用大小的不同，高低、方向、质地、色彩的不同求得变化与统一。一种功能关系，一种主题，就含有多种母题和多种组合方式，从而就有多种方案（图6.34）。

图 6.34　深圳华·美术馆，运用了六边形作为造型的母题

3）空间组合方式

正如前面提到的，空间的组合方式有很多种。在构思方案的时候，可以尝试构思不同的空间组合方式，这样有利于提出差异性大的方案，从而便于比较与选择。

伊朗建筑工程条例规划办公楼的造型生成构思过程图（图6.35），设计者就是将空间组合方式作为出发点，先在脑海中形成了建筑的空间组合造型，然后再细化深入设计。

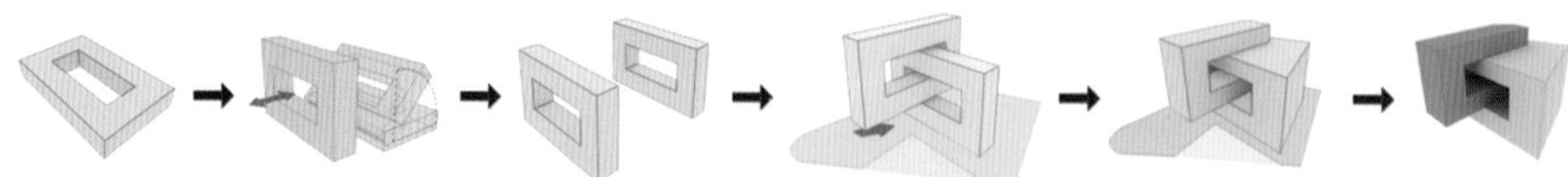

图 6.35　伊朗建筑工程条例规划办公楼

4. 多方案比较、选择的要点

多方案比较、选择的要点在于设计要求的满足程度，是否最大限度地解决了已有的问题，是否避免了新问题的产生，以及方案修改调整的可能性，区别方案性问题与非方案性问题，分别加以修正。

1）方案性问题

某几个关键性的地方将来很难甚至不能深入做下去的，这些问题就叫做方案性问题。一旦看出其中有“方案性问题”，就应当立即放弃这个方案。

(1) 功能关系的和流线上的问题，这是最重要的问题，如体育馆的人流交叉、医院的交通路线如何避免交叉感染等。功能是否合理，各功能分区之间的联系是否符合使用要求，是否在安排各功能分区的同时兼顾了内外，动静分区，公私分区，设备、造价等，动线是否流畅、简捷，这些是决定是否存在方案性问题的重要方面。

(2) 结构技术的可行性问题，主要包括结构的、设备的、建筑物理的问题。

(3) 有关城市规划和技术经济指标上的问题，如建筑高度、后退红线距离、容积率、建筑密度、绿化率、消防与道路是否满足要求。

2）非方案问题

指的是不难解决的问题，可以暂时不解决它，先顾全大局，从总体入手，从大关系入手，先看方案的总体质量。当然，“非方案性问题”接下来也是要解决的，例如楼梯的设计，早期定一个开间，进入后期再细化。

6.4 方案的调整与优化

为了达到方案设计的最终要求，还需要一个调整和深化的过程。方案的调整是综合性的调整，包括功能、技术及造型等问题。

6.4.1 平面的调整

一般来讲，对于平面的调整可以从以下几个方面入手。

1．从总图上调整

它主要包括两个方面：一是建筑与城市规划、规范的限制，如基地退红线的要求，建筑限高、建筑造型风格的规定等。考虑城市道路连接，场地道路、停车位的布置，根据用地的性质和所处环境确定出入口的位置是否合理，并根据规范要求查看出入口的数量是否满足要求，并与主要人流应呈迎合关系。二是建筑与基地的坡度和形状：以基地的形状为出发点，获得建筑的图形，在平面边界上尽量与基地形状产生对话关系；对不同的坡度，应采取不同的设计策略，结合等高线做设计，使建筑与基地融为一体，如小于3%的坡地通常采取平坡，大于5%的坡地通常设立台阶。

特别提示

一般情况下，出入口不得少于两个。

2．建筑与景观视线

考虑景观与隐私，以此为依据调整开窗的方向。确定基地上植物的取舍，根据需要使之成为景观中心或防噪声等需要的屏障。如果已存在的环境具有观赏价值，一般来说设计可以充分利用景观来做，即取景（图6.36和图6.37）。在分析各空间部分的内容和关联的基础上，确定哪些空间需要良好的景观朝向，在平面布局时优先考虑并按景观设计要求进行完善。如餐饮建筑中餐饮部分往往需要考虑室内外空间的通透，引入优美的景观而形成较好的就餐环境。

图 6.36　西班牙卡瓦略媒体中心

图 6.37　英皇佐治五世学校

3. 从功能完善平面关系

功能上要注意查缺补漏，及时补充必要的辅助用房，如足够数量的卫生间等。优化个体空间的设计，包括以下几个方面。

1）房间的面积

房间面积的大小主要受房间的使用特点、使用人数和家具设备多少等因素的影响。它包括：家具设备所占的面积，人们使用家具设备及活动所占的面积，房间内部的交通面积。

2）房间的形状

房间的平面形状和尺寸受到房间的活动特点、家具的数量和布置方式、采光和通风、室内音质效果和结构形式等因素的影响，而且还要考虑建筑平面组合的可能性（图6.38）。

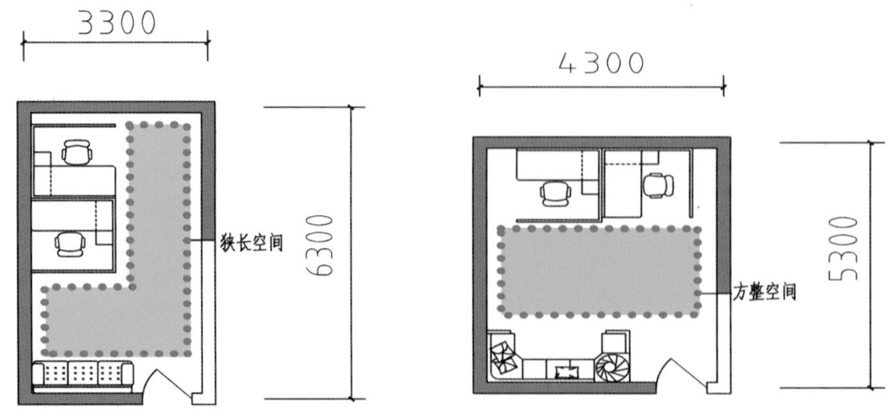

图 6.38　房间的形状影响使用品质

3）房间的尺寸

房间要满足家具设备布置和人体活动的要求，房间的长宽比不宜大于2:1。如图6.39所示，房间长宽比等于2，如果床的长边是顺着房间的进深方向布置，那么床与门之间就产生了很大的面积浪费，电视与床之间的距离过长，而且衣柜和床头柜也不好布置；如果床的长边是垂直于房间的进深方向布置，那么床尾与对面墙壁之间的空间就会过于狭小，不但不利于电视的布置，而且没有足够的空间通行。因此，同样是18m²的房间，可以调整成如图6.40所示的房间比例。门的位置（图6.41）。

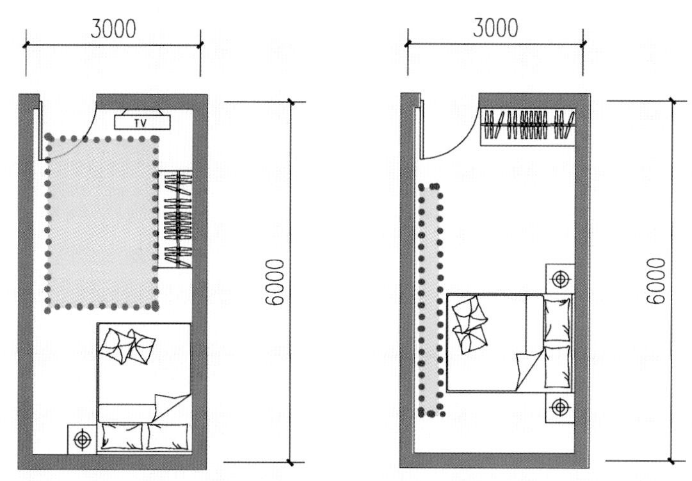

图 6.39　房间尺寸比例不合理，影响使用品质

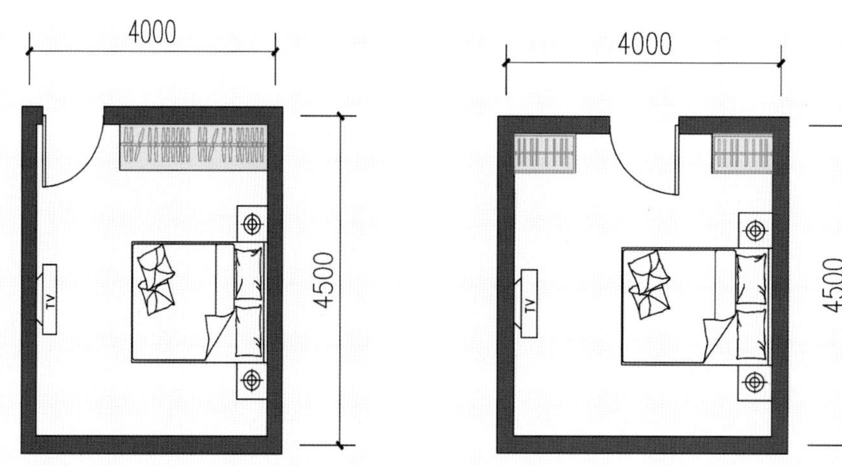

图 6.40　恰当的房间比例　　图 6.41　门的位置会影响房间内家具的布置

4．建筑与交通流线

用地内道路布置应结合总体布局、交通组织、建筑组合、消防疏散等进行综合分析，来判断是否合理。交通体系的调整，可以通过以下几个方面进行。

1）主入口

主入口应该做到突出、明确，往往将它选择在人们视线的焦点上和整个建筑物的重心位置上。此外，入口处应设门廊、台阶、雨篷（图6.42和图6.43）。

图 6.42　美国斯坦福大学音乐厅

图 6.43　江西上饶广丰县永利酒店

2）门厅

门厅是人们进出建筑时的缓冲和交通枢纽空间，门厅对外连通室外，对内联通走廊、楼梯和电梯，是建筑室内外的过渡。

(1) 对外，门厅的位置应明显而突出，一般应面向主干道，使人流出入方便，还要有良好的空间气氛。门厅对外出入口的宽度不得小于通向该门的走道、楼梯宽度的总和。对内，门厅内的人流是属于多向、间断但又具有很强的开放性的。由于门厅是各功能结构空间的汇集点和交通枢纽，因此门厅的人流运动最为复杂。门厅中有水平方向运动的人流，也有竖向运动的人流，有运动中的人流，也有静止中的人流。门厅内部设计要有明确的导向性，交通流线组织要简明醒目，起到引导人流和分流的作用，尽量避免或减少流线交叉，为各使用部分创造相对独立的活动空间，门厅在一定意义上来讲是建筑内部人流路线组织的调度指挥中心，具有物质功能的一面（图6.44）。

(2) 门厅作为人们认知建筑的起点和焦点，是建筑的窗口，所以门厅又具有重要的精神功能。门厅的室内建筑空间设计应做到宽敞、明快、高雅，并具有鲜明的地方特色和建筑个性。门厅内要有良好的空间气氛，如良好的采光、合适的空间比例等（图6.45）。

图 6.44　美国斯坦福大学音乐厅

图 6.45　法国阿尔比大剧院门厅

3）走廊

走廊应该简捷、系统，充分考虑消防等规范要求，合理组织主次交通空间系统，在每组流线的组织上尽量做到用环形交通来组织空间，避免“尽头路”的出现，保证人流、车流顺畅安全；走廊的宽度主要根据人流通行、安全疏散、防火规范、走廊性质、空间感受来综合考虑；长度按照建筑设计规范的要求，最远房间出入口到楼梯间安全入口的距离必须控制在一定范围内；走廊一般应具备天然采光和自然通风的条件（图6.46和图6.47）。

图 6.46　火智汇饭店室内的走廊

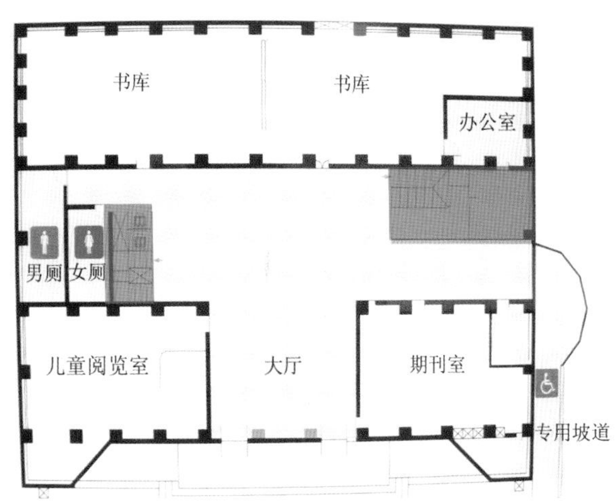

图 6.47　图书馆的走廊与楼梯设置

4）楼梯

楼梯在建筑中位置应标志明显、方便到达。楼梯应与建筑的出口关系紧密、连接方便，一般均应设置直接对外出口。楼梯间应有良好的采光及通风条件，并有利于建筑的立面造型和室内空间效果。根据使用要求和规范的要求确定垂直交通的数量，力争布置均匀，使用便捷。另外，电梯的设计要注意留有足够的前室（图6.48和图6.49）。

图 6.48　美国加州大学戴维斯分校博物馆入口楼梯

图 6.49　西班牙 la ascension del 教堂入口的楼梯

5. 门窗的开设

1）门的位置

应当充分考虑如何尽量缩短室内的交通路线，避免过多地占用室内面积。同时还要合理地协调相互位置，防止出现相互碰撞、遮挡的现象。同时，在布置门的位置的时候要考虑室内家具的布置，给家具留出足够的墙面，在满足其他条件的情况下，尽量将门靠近所在墙面的一端设置，否则不利于房间内家具的布置（图6.41）。

2）门的宽度和数量

门的最小宽度是根据通行人流多少和搬运家具设备的要求确定的。

3）窗的设置

房间的采光量，通常以窗口的透光量和房间地面净面积的比值来表示，即窗地（采光）面积比。不同类型的建筑窗地比要求不同，详情可查阅《建筑采光设计标准》（GB 50033—2013）。

6. 建筑与技术要求

建筑要综合考虑朝向、通风、防噪声、日照间距与防火间距、结构选型与布置等方面的要求，解决好这些技术要求。例如住宅中，起居、卧室需朝南，厨卫需要有直接的通风。炎热地区建筑长度垂直夏季主导风向布置，严寒地区建筑主要入口避开冬季主导风向布置，有气味污染的建筑放在下风向布置；展览建筑中的陈列厅应避免阳光直射，而接待厅应阳光明媚；根据日照分析，决定建筑趋光与遮阳的策略；根据噪声源的位置，采取防噪声措施，可以用不重要的房间或用植物阻隔；上下层平面结构、给排水是否对位等。

6.4.2 型体的调整

1. 体型与平面的协调

建筑是维度空间的向量，还必须让平面立起来，通过检验平面与体型形式的结合是否理想来最终确定平面。假若平面布局尚无较大功能问题，而体量却不甚满意，则应从体量的完善中反过来修改平面布局，使之做适当的合理调整。为了避免形体的呆板和乏味，设计可以采用形体平移、互动的手法，创造一定的动感和张力（图6.50和图6.51）。

图 6.50　荷兰电力船屋

图 6.51　瑞士科技大会堂及学生宿舍

特别提示

大多数的建筑设计，在内容上不能只靠这些理性的资料、条件和要求，纯技术地去完成，建筑中有很多方面还要从建筑本身——空间来进行形体的处理，给人愉悦的使用感受，如空间的缓冲处理、空间的延伸等。

2．体型的联系与交接

复杂体型中，各体量之间的高低、大小、形状各不相同，如果连接不当，不仅影响到体型的完整性，甚至会直接破坏使用功能和结构的合理性。体型设计中常采取以下几种连接方式：直接连接（图6.52）、咬接（图6.53）、走廊连接（图6.54）、连接体连接（图6.55和图6.56）。

图 6.52　广西老年公寓

图 6.53　韩国老根里和平博物馆

图 6.54　韩国 Dansanli House

图 6.55　美国 Austin E. Knowlton 建筑学院

图 6.56　Shakin Stevens 豪宅

特别提示

在特定的地形或位置条件下，如丁字路口、十字路口或任意角度的转角地带布置建筑物时，如果能够结合地形，巧妙地进行转折与转角处理，不仅可以扩大组合的灵活性，适应地形的变化，而且可使建筑物显得更加完整统一。

6.4.3 立面的调整

建筑立面是由许多部件组成的，这些部件包括门窗、墙柱、阳台、遮阳板、雨篷、檐口、勒脚等。完善建筑立面设计包括完善建筑物表面的门窗组织、比例与尺度、入口及细部处理、装饰与色彩等的设计。立面设计就是恰当地确定这些部件的尺寸大小、比例关系及材料色彩等，并通过形的变换、面的虚实对比、线的方向变化等求得外形的统一与变化，以及内部空间与外形的协调统一。在推敲建筑立面时不能孤立地处理每个面，必须认真处理几个面的相互协调和相邻面的衔接关系，以取得统一。立面调整应从以下几个方面着手。

1. 立面的比例与尺度

比例适当、尺度正确是立面达到完整统一的重要内容。从建筑整体的比例到立面各部分之间的比例，从墙面划分到每一个细部的比例，都要仔细推敲，才能使建筑形象具有统一和谐的效果。立面的比例和尺度的处理是与建筑功能、材料性能和结构类型分不开的。砖混结构的建筑，由于受结构和材料的限制，开间小，窗间墙又必须有一定的宽度，因而窗户多为狭长形，尺度较小（图6.57）。框架结构的建筑柱距大，柱子断面尺度小，窗户可以开得宽大而明亮，与砖混结构在比例和尺度上有较大的差别（图6.58）。建筑立面常借助于门窗、细部等的尺度处理反映出建筑物的真实大小。由于立面局部处理得当，从而获得应有的尺度感。

图 6.57　成都市川化一村砖混住宅楼

图 6.58　浙江同济科技职业学院餐厅

2. 立面虚实与凹凸的对比

虽然建筑外观的虚实关系主要是由功能和结构要求决定的，但是我们可以通过主观再处理来控制表皮的虚实对比。“虚”是指立面上的空虚部分，如门窗洞口、空廊、凹廊等，常给人以不同程度的通透、开敞、轻巧的感觉；“实”是指立面上的实体部分，如墙面、屋面、栏板等，给人以厚重、封闭的感觉。虚多实少，以虚为主的手法多用于造型求轻快、开朗的建筑（图6.59）。实多虚少，以实为主，则使人感到厚重、稳定、庄严、坚实、雄伟、壮观，常用于纪念性建筑及重要的公共建筑（图6.60）。立面凹凸关系的处理，可以丰富立面效果，加强光影变化，组织韵律，突出重点（图6.61和图6.62）。

图 6.59　南非开普敦豪特湾国际学校

图 6.60　美国祖克曼艺术博物馆

图 6.61　墨西哥北方银行大厦

图 6.62　意大利 bentini 总部

3. 立面线条的处理

任何好的建筑，立面造型中千姿百态的优美形象正是通过各种线条在位置、粗细、长短、方向、曲直、疏密、繁简、凹凸等方面的变化而形成的。

墙面中构件的横向或竖向划分，对表现建筑立面的节奏感和方向感非常重要。对于建筑物而言，所谓线条一般泛指某些实体，如柱、窗台、雨篷、檐口、通长的栏板、遮阳等。这些线条的粗细、长短、横竖、曲直、疏密等，对建筑性格的表达、韵律的组织、比例尺度的权衡都具有格外重要的意义。

从方向变化来看，垂直线具有庄重、挺拔、高耸、向上的气氛；水平线使人感到舒展与连续、宁静与亲切（图6.63）；曲线给人以柔和流畅、轻快活跃的感觉（图6.64）；斜线具有动态的感觉（图6.65和图6.66）；网格线具有丰富的图案效果，给人以生动、活泼而有秩序的感觉（图6.67）。

墙面线条的粗细处理对建筑性格的影响也很重要。粗线条表现厚重、有力，常使建筑显得庄重（图6.68）；细线条具有精致、柔和的效果（图6.69）。

图 6.63　德国 S 住宅

图 6.64　北京未来商城展览中心

图 6.65　希腊山地住宅

图 6.66　美国德克萨斯州奥斯丁

图 6.67　美国密歇根中央大学活动中心

图 6.68　法国 ESMA 艺术学院外立面的粗线条

图 6.69　波兰城市克拉科夫卡齐米日公共卫生间外立面的细线条

4. 立面色彩处理

一般来说，建筑立面色彩处理主要包括两个方面：一是基本色调的选择；二是建筑色彩的配置。以白色或浅色为主的基本色调，常使人感到明快、素雅、清新；以深色为主的基本色调，则显得端庄、稳重；红、褐等暖色趋于热烈；蓝、绿等冷色则会感到宁静等（图6.70和图6.71）。

图 6.70　瑞典 Kollaskolan 学校室内的色彩设计

图 6.71　巴西圣保罗贝纳达路易斯住宅

当建筑的基本色调确定以后，色彩的配置就显得十分重要了。色彩的配置应有利于协调总的基调和气氛，不同的组合和配置，会产生多种不同的效果。色彩的配置主要是强调对比和调和，对比可使人感到兴奋，过分强调对比又会使人感到刺激；调和则使人感到淡雅，但过于淡雅又使人感到单调乏味，这就需要建筑师在实践中不断摸索、推敲，提升自身的色彩配置能力。

5. 立面的重点与细部处理

突出建筑物立面中的重点，既是建筑造型的设计手法，也是建筑使用功能的需要。建筑物的主要出入口、楼梯间等部分，是建筑的交通要道，在使用上需要重点处理，以引人注目。重点的处理一般是通过对比手法取得。比如出入口的处理，可利用雨篷、门廊的凹凸以加强对比、增加光影和明暗变化，起到突出醒目的作用。另外，入口上部窗户的组织和变化，或采用加大尺寸、改变形状、重点装饰等，都可以起到突出重点的作用（图6.72）。

图 6.72　立面细部处理，澳大利亚克里斯·奥布莱恩生命之家

建筑体型和立面设计，绝不是建筑设计完成后进行的最后加工，它应贯穿于整个建筑设计的始终。体型、立面、空间组织和群体规划及环境绿化等方面应该是有机联系的整体，需要综合考虑和精心设计。在进行方案构思时，就应在功能要求的基础上，在物质技术条件的约束下，按照建筑构图的美观要求，考虑体型和立面的粗略块体组合方案，在此基础上做初步的平面、剖面草图及基本的体型和立面轮廓，并推敲其整体比例关系，确定体型和立面。如果与平面、剖面有矛盾，应随时加以调整。而后考虑各立面的墙面划分和门窗排列，并协调使用功能与外部造型之间的关系，初步确定各立面。然后，再协调各立面与相邻立面的关系，处理好立面的虚实、凹凸、明暗、线条、色彩、质感及比例尺度等关系（图6.73和图6.74），最后对出入口、门廊、雨篷、檐口、楼梯间等部位做重点处理。只有按上述步骤，反复深入，不断修改，并做出多个方案进行分析比较，才能创造出完美的建筑形象。

图 6.73　浙江省长兴县新型低能耗样板公寓大楼布鲁克

图 6.74　柏林建筑绘画博物馆

特别提示

一般来说，平面问题多偏重于功能和技术，立面问题多偏重于美观方面。当在检验自己的方案的过程中发现问题时，不能总是盯着自己认为成功的一部分，而"舍不得"调整，而应当勇于对自己的作品提出质疑和修正。

6.4.4 剖面的设计与调整

同平面图一样，剖面图也是空间的正投影图，是建筑设计的基本语言之一。

剖面设计主要是解决建筑竖向的空间问题，通常在平面组合基本确定之后着手进行。在剖面上主要运用变化楼面形态的设计手法处理各层空间之间的关系。形成各空间的分隔、流通与穿插，结合不同空间的层高形成丰富的复合空间。通过剖面设计可以反映建筑的结构特点与建筑功能的要求，深入研究空间的变化与利用，检查结构的合理性，以及解决与竖向空间有关的结构和构造问题，为立面设计提供依据。剖面设计应当与平面设计相配套和对应，为使建筑中各个空间发挥使用功能创造条件。剖面设计主要包括以下几方面。

1. 确定房间的剖面形状、尺寸及比例关系

建筑平面图表现了空间的长度与深度或宽度关系，而建筑剖面图反映了建筑内部空间在垂直维度上的变化及建筑的外轮廓特征。

2. 确定房屋的层数和各部分的标高

建筑剖面图不仅要反映建筑层高，还要根据房间使用性质、特点、采光通风的要求、结构类型的要求、室内设备的影响等方面，来确定房间的净高和层高、窗台高度等；以及从防水及防潮要求、功能分区要求、地形及环境条件、建筑物性质特征等方面来确定室内外高差。只有在剖面上合理确定了层高和室内外高差，才能得出建筑物竖向上的高度，而且立面细节的比例与尺度，如洞口尺寸、女儿墙顶、屋脊线等只能在剖面上加以研究确定（图6.75）。

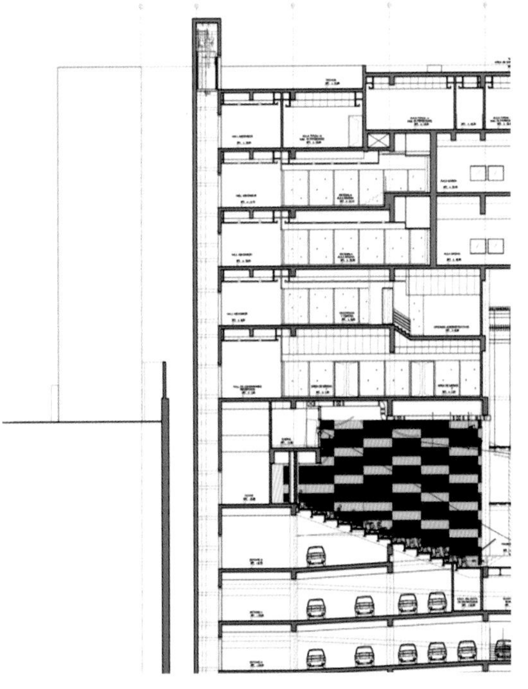

图 6.75　秘鲁太平洋大学分教学楼

特别提示

剖面高度因素在一般的公共建筑物或普通的建筑空间的设计中，似乎不需要特别地关注。但在某些公共建筑设计中则需特别地强调剖面的高度控制。例如剧院和电影院的观众厅的设计、大型阶梯教室或会堂的剖面设计，甚至于在有明显高差的不规则地形上的一般建筑物的内部交通流线设计中，剖面设计的优劣无疑是建筑方案好坏的重要依据。

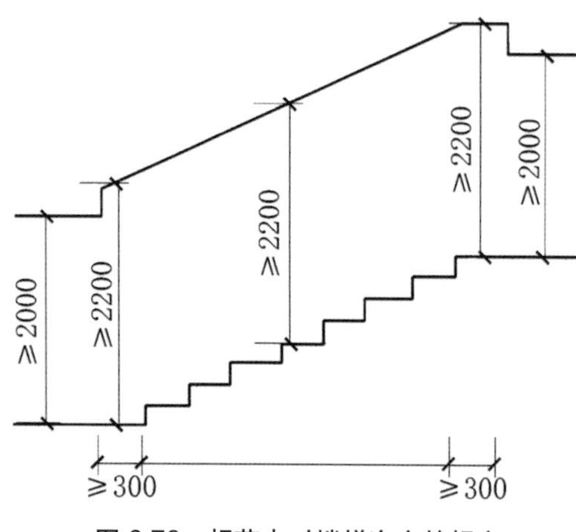

图 6.76　规范中对楼梯净高的规定

3．检查结构的合理性

建筑设计不但要处理好空间的平面功能，同时也要处理好竖直空间上的立体空间。立体空间既要符合功能合理、动线流畅的原则，同时又要符合结构力学的一般常识。例如，在通常情况下，大跨度的空间上部一般不宜设置过多的小空间，不同大小房间层高问题。通过剖面设计可以检查结构的合理性，解决结构空间高度与使用空间的矛盾，如结构选型、支撑体系、各层墙体上下对位、梯段净高是否合理等（图6.76）。

4．满足使用者心理方面的舒适性要求

在平面设计中房间的功能是否符合要求，主要看面积大小、平面的长宽比例是否恰当，而剖面设计要考虑房间高宽合适的比例，要给人一种正常的空间感。在观察空间效果时主要看空间容积和空间高深比例(高度与进深之比）。一般情况下，房间的高度与宽度（跨度）的比值为1:1.5～1:3比较合适。过低使人感到压抑，过高使人感到不亲切。采用一种恰当的高深比，不但可以给使用者的心理带来舒适感，同时也可以提高自然采光的质量（图6.77）。

图 6.77　调整空间的高深比例，给人一种正常的空间感，秘鲁太平洋大学分教学楼

特别提示

有些精神功能的需求远大于实用功能的需求的建筑，如教堂建筑、纪念类建筑中，就要加大房间的高跨比，并且在空间尺度上采用远大于人的超常尺度来表现建筑的性格（图6.78和图6.79）。

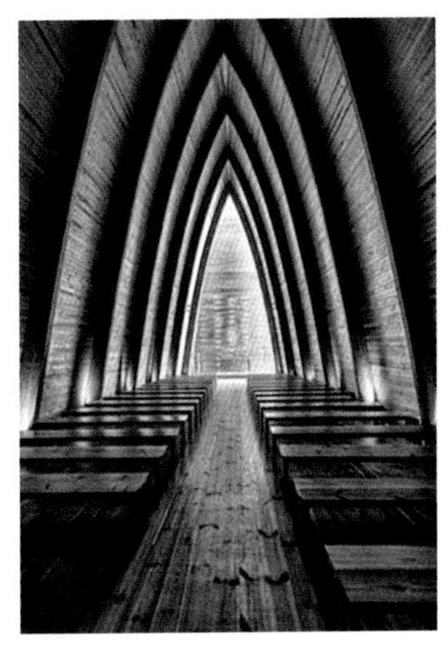

图 6.78　大的高跨比，芬兰圣亨利艺术教堂

图 6.79　大的高跨比，蔚山 Inbo 天主教堂

6.4.5　细部的调整

对平、立、剖及总图进行更为深入细致的综合推敲，包括总图设计中的室外铺地、绿化组织、室外小品与陈设，平面设计中的家具造型、室内陈设与室内铺地，立面图设计中的墙面、门窗的划分形式、材料质感及色彩光影等。

1. 统一立面形象

统一立面形象主要是针对虚实关系差别和细部形象塑造等问题的解决，最终达到既变化又统一的效果。统一的手法有：寻求对位关系，减少窗的形式，利用形状(门、窗、柱、墙)、尺寸(柱间距、开间等)的重复构成有规律性的连续印象（图6.80），加强立面要素组合的韵律感，利用母题、对位、材质色彩强调统一感，并突出形象重点的处理。

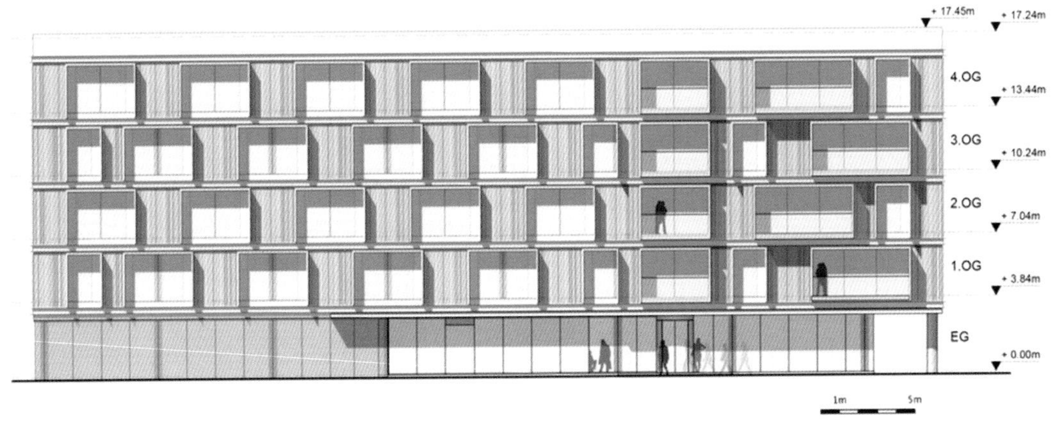

图 6.80　浙江省长兴新型低能耗样板公寓大楼布鲁克

2. 建筑的入口

建筑的入口对于建筑如同人的脸部一样重要。建筑入口是总体形象极为重要的部位，是人们对建筑产生的第一印象。人们往往会留意该入口与建筑总体比例是否合理、协调。

因此，建筑师精心考虑建筑入口对塑造建筑形象非常重要。不同类型的建筑，其入口设计存在较大的差别。例如：一些大型的行政办公建筑，通常加大入口尺度、抬高入口标高、增设踏步（图6.81和图6.82）。一些古典的行政建筑，大楼两旁往往采用列柱、石狮，或抬高建筑基座的方法来增强其崇高和威严。商业性建筑入口则考虑人流和购物的需求，将入口与室外地面做平，且入口做成通透的，以增强吸引力，并辅以绚丽的橱窗、多彩的灯光，来创造富丽的商业气息。

特别提示

建筑的入口是表达建筑性质的重要手段之一。

图 6.81　秘鲁太平洋大学分教学楼 (1)

图 6.82　香港岭南大学社区学院

此外要注意，公共建筑为了营造舒适的心理感受、避免压抑，同时也为了塑造出供人流集散用的空间，多会在入口处设置层高在两层以上的大厅（图6.83和图6.84）。

图 6.83　秘鲁太平洋大学分教学楼 (2)

图 6.84　美国华盛顿特区梅肯研究院公共卫生学院

3. 阳台

阳台在建筑构图与建筑造型中起重要作用，它具有使用功能，同时起装饰功能。因此，阳台设计处理得当，会使建筑锦上添花，在外观造型中起到画龙点睛的作用。居住建筑中的阳台往往侧重使用功能，在平面尺寸、位置等方面处理好阳台与建筑主体的关系，既为居住者提供完备的使用条件，又能满足居住者的心理要求与环境需求（图6.85）。公共建筑中的阳台设计则注重作为一种建筑造型处理的手段，着重于装饰功能与美化功能，它主要随建筑外观的要求而灵活布置，对造型及美观的要求更高，在调节建筑立面的虚实对比、线与面的对比等美观因素方面起着重要的作用（图6.86）。

图 6.85　南斯拉夫 OFIS 方块公寓

图 6.86　挪威卑尔根 Verket 住宅

4. 室外环境

建筑的室外环境同样需要精心设计，主要包括道路、硬地、绿化、小品等。建筑师应当熟悉各种有关规范，在建筑方案设计阶段，就要满足各种规范的基本要求。

总之，方案的深入过程不是一次性完成的，而需经历深入→调整→再深入→再调整的多次循环的过程。此阶段应明确、量化建筑空间设计，以及构件的位置、形状、大小及之间的其相互关系，包括结构形式、建筑轴线尺寸、建筑内外高度、墙及柱宽度、屋顶结构及构造形式、门窗位置及大小、室内外高差、家具的布置与尺寸、台阶踏步宽度、道路宽度及室外平台大小等具体内容，以及技术经济指标，如建筑面积、容积率、绿化率等。在设计过程中，功能、技术、审美、经济等都会对设计有一定的限制作用，因此要求建筑师对设计有全面的把握，避免顾此失彼的错误出现。

本模块小结

建筑方案的构思有两种基本的方法，即先形式后功能和先功能后形式，后者是常用的方法。这种方案设计方法的工作步骤：遵循由大到小、由粗到细的工作原则，从平面草图入手，平面设计的基本要求是合理的功能分区、明确的交通组织、紧凑的空间布局、合理的结构体系，然后做立面、剖面设计，配合多方案比较、整理，最后得到理想的方案。

【综合实训】

一、训练题目

南方某市拟建一栋总建筑面积约为250m^2（按轴线计算，上下浮动不超过±5%）的茶室。结构类型不限，层高至少两层。面积分配如下。

1．客用部分。

(1) 营业厅：150m^2。可集中或分散布置，座位50～60个。营造富有茶文化的氛围，空间既有不同的分隔，又有相互的流通和联系。

(2) 付货柜台：15m^2。各种茶叶及小食品的陈列和供应，兼收银。可设在营业厅或门厅内。

(3) 门厅：10m^2。引导顾客进入茶室。也可设计成门廊。

(4) 卫生间：男、女各一间，共12m^2。各设2个厕位，男厕应设2个小便斗，可设盥洗前室，设带面板洗手池1～2个。

2．辅助部分。

(1) 备品制作间：15m^2。包括烧开水、食品加热或制冷、茶具洗涤、消毒等；要求与付货柜台联系方便。烧水与食品加工主要用电器。

(2) 库房：8m^2。存放各种茶叶、点心、小食品等。

(3) 更衣室：10m^2。男、女各一间，每间设更衣柜、洗手盆。

3．其他部分。

门厅、过道、楼梯等部分，面积自定。

二、设计要求

1．学习灵活多变的小型休闲建筑的设计方法，掌握休闲建筑设计的基本原理，在妥善解决功能问题的基础上，力求方案设计富于个性和时代感；体现现代休闲建筑的特点，体现茶文化。

2．初步了解建筑物与周围环境密切结合的重要性及周围环境对建筑的影响，紧密结合基地环境，处理好建筑与环境的关系。室内、室外相结合。绿地率≥30%。在平面布局和体形推敲时，要充分考虑其与附近现有建筑和周围环境之间的关系及所在地区的气候特征。

3．开阔眼界，初步了解东西方环境观的异同，借鉴其中有益的创作手法，创造出宜人的室内外环境。

三、图纸要求

1．图纸规格。

(1) 图纸尺寸：A2。

(2) 表现方式：不限。

(3) 每套图纸须有统一的图名和图号。

2．图纸内容。

(1) 总平面图：1:300。

要求：画出准确的屋顶平面并注明层数，注明各建筑出入口的性质和位置；画出详细的室外环境布置（包括道路、广场、绿化、小品等），正确表现建筑环境与道路的交接关系；注指北针。

(2) 平面图：1:100。

要求：应注明各房间名称（禁用编号表示）；首层平面图应表现局部室外环境，画剖切标志；各层平面均应注明标高，同层中有高差变化时亦须注明。

(3) 立面图：1:100。

不少于两个，至少一个应看到主入口，制图要求区分粗细线来表达建筑立面各部分的关系。

(4) 剖面图：1:100。

要求：一个，应选在具有代表性之处，应剖到楼梯，应注明室内外、各楼地面及檐口标高。

(5) 透视图。

要求：至少一张，应看到主入口。

(6) 设计说明。

要求：所有字应用仿宋字或方块字整齐书写，禁用手写体。内容包括设计构思说明、技术经济指标（总建筑面积、总用地面积、建筑容积率、绿化率、建筑高度等）、设计人和指导教师姓名（注于每页图纸右下角）。

四、地形图（图6.87）

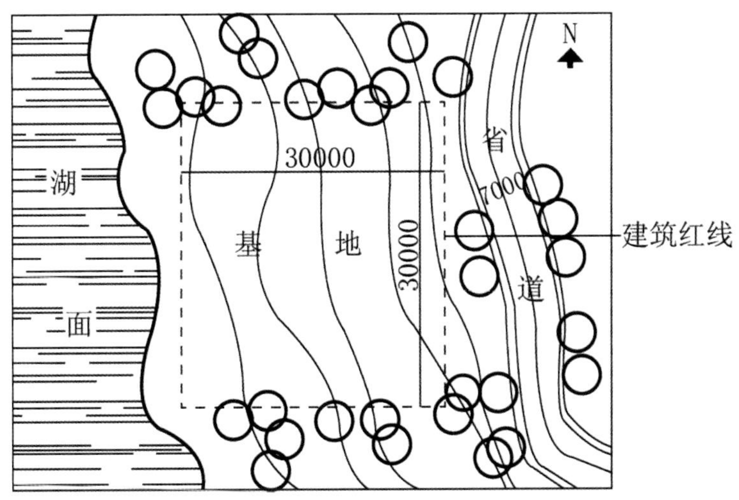

图 6.87　地形图

参 考 文 献

[1] 王力强，文红．平面．色彩构成[M]．2版．重庆：重庆大学出版社，2009．
[2] 马克辛．色彩构成[M]．沈阳：辽宁美术出版社，2003．
[3] 李鹏程，王伟．色彩构成[M]． 2 版．上海：上海人民美术出版社，2006．
[4] 陈虹，倪伟．立体形态设计[M]．上海：上海美术出版社，2003．
[5] 田学哲．形态构成解析[M]．北京：中国建筑工业出版社，2005．
[6] 谢大康，刘向东．基础设计：综合造型基础[M]．北京：化学工业出版社，2003．
[7] 黄建成．空间艺术设计的思维与表现[M]．长沙：湖南美术出版社，2004．
[8] 郎世奇．建筑模型设计与制作[M]．3版．北京：中国建筑工业出版社，2013．
[9] 沈福煦．建筑设计手法[M]．上海：同济大学出版社，1999．
[10] 张建华．建筑设计基础[M]．北京：中国电力出版社，2004．
[11] 黎志涛．建筑设计方法入门[M]．北京：中国建筑工业出版社，1996．
[12] 中华人民共和国国家标准．民用建筑设计通则（GB 50352—2005 ）[S]．北京：中国建筑工业出版社，2005．